Vergessene Physik

Uwe J. M. Reichelt

Sachbuch in Form einer Erzählung

Uwe J. M. Reichelt, „Vergessene Physik“

Verleger: Uwe J.M. Reichelt
ujm.reichelt@web.de
Druck epubli, ein Service der neopubli GmbH, Berlin

Vorwort

Gibt es eine Physik, die vergessen wurde? Physik, die es einmal gab und die in Vergessenheit geriet, ist damit nicht gemeint, sondern dass vergessen wurde, anerkannte Physik auf ihre Möglichkeiten hin vollständig auszuloten, zu nutzen, um Fragen zu klären, die durchaus im Raum standen. Begeistert jedoch von den ohne Frage hochwichtigen Entwicklungen der modernen Physik ist die Naturwissenschaft auf der breiten Allee neuer Erkenntnisse vorangestürmt, nach dem großen Aufbruch durch neue Entdeckungen, der gründlich aufräumte mit der zur Jahrhundertwende ins 20. Jahrhundert noch geltenden Ansicht von der Vollendung der Newtonschen Physik und dem Glauben nun alles zu wissen und die Physik vervollständigt zu haben.

Ausgelöst wurde der Umbruch im naturwissenschaftlichen Denken durch Entdeckungen, die nicht hineinpassten in die klassische Welt der Physik, einige wichtige seien kurz angeführt: Die Lichtgeschwindigkeit ist konstant, ist eine physikalische Obergrenze von Geschwindigkeiten, womit die klassische Addition von Geschwindigkeiten nicht gültig ist, des Weiteren gibt es eine kleinstmögliche Wirkung, die im Kleinsten jeglicher Kontinuität physikalischer Größen den Garaus macht, es gibt unerklärliche radioaktive Strahlung …

Die Entwicklung neuer physikalischer Prinzipien explodierte förmlich – Versuche zur Beschreibung des Atoms mündeten in die elementare Quantenphysik und weiter in die Wellenmechanik und Matrixmechanik, gefolgt von Quantenelektrodynamik und Quantenchromodynamik bis hin zum Standardmodell der Elementarteilchen, während die Obergrenze Lichtgeschwindigkeit die Spezielle Relativitätstheorie zur Folge hatte und diese die Allgemeine Relativitätstheorie, auch Gravitationstheorie genannt.
Dann aber tat sich eine Kluft auf: Die Allgemeine Relativitätstheorie war unvereinbar mit dem, was die Quantenphysik zu bieten hatte, doch beide erwiesen sich unabhängig voneinander als richtig.
Diese Kluft sollte mit allem, was Mathematik, Logik und Physik zuließ, überbrückt werden. Es wurden mehr Dimensionen notwendig, nunmehr 10 statt vier wie bisher und es entstanden gleich

Theorien, die sogar durch Hinzufügen einer weiteren Dimension zusammengefasst werden konnten.
Nur die hochmodernen Experimente in genialen Beschleunigeranlagen wollten die erwarteten Dinge wie neue unbekannte, aber erwartete Teilchen und die Supersymmetrie bisher nicht hervorbringen. Die Physik kam den Erfolgen der modernen Astronomie und Astrophysik und den neuen Erkenntnissen nicht mehr hinterher.
Nach Jahren vergeblicher Mühen wurden einzelne Stimmen laut, die sporadisch nach einer neuen Physik [1)] verlangten und auch wieder verstummten, da sie doch keinen Weg aufzeigen konnten, wie das gehen soll.

Den Hauptstrom naturwissenschaftlicher Forschung konnte derartige Kritik nicht erschüttern, sind doch in den letzten 120 Jahren durch physikalische Revolutionen und Entwicklungen Technik, Erkenntnis und die Zivilisation unglaublich vorangebracht worden.

Ist es da verwunderlich, dass beim großen Vorwärtsstürmen auf der breiten Straße der Erkenntnis niemand mehr auf das eine oder andere unscheinbare Blümlein am Wegessrand geachtet hat, um ja nicht den Anschluss zu verpassen?
Diese Blümlein sind nun die vergessene Physik, von der dieses Buch zumindest in einem Fall schildern soll. Der Autor würde das nicht können, wäre ihm nicht durch Zufall ein solches begegnet, hätte er es nicht bemerkt und mit unendlichen Mühen ausgegraben.
Und gerade dieses zunächst unscheinbare Blümchen entpuppte sich in gleich mehrfacher Hinsicht als äußerst bedeutsam.
Erstens zeigte sich, die klassische Newtonsche Mechanik war noch keineswegs ausgereizt, ein sehr wichtiges Segment war unbeachtet geblieben, man hatte übersehen, es zu bearbeiten, es war einfach vergessen worden und die seit Johannes Kepler offene Frage, ob die Planetenbahnen im Sonnensystem einem geordneten harmonischen System und damit physikalischem Prinzip folgen, blieb deswegen unbeantwortet, wurde stattdessen als zufällig und damit irrelevant angesehen und versank in Bedeutungslosigkeit.
Dem jedoch widersprechend ergab sich zweitens das ganze Gegenteil, mit diesem vergessenen, zunächst ganz unscheinbaren Blümchen lässt sich beweisen, die Planetenbahnen folgen einem physikalischen harmonischen Prinzip.

Und drittens zeigte dieser vergessene Teil der Newtonschen Mechanik, die Ableitung wäre nicht nur bereits im 19. Jahrhundert möglich gewesen, sondern darüber hinaus, dass darin auch Wege und Antworten zur Lösung weiterer vorhandener Probleme stecken, die bisher nicht zufriedenstellend oder gar nicht beantwortet werden konnten.
Wie aber geriet der Autor an dieses Blümlein?

Beizeiten war ihm schon während des Studiums trotz aller Begeisterung klar geworden, an der Spitze oder im Hauptfeld der physikalischen Forschung kann er nicht mithalten, er muss sich an kleinen zufällig gefundenen, möglicherweise wertlosen Gebieten der Physik ausprobieren, um damit vielleicht ein wenig zu ihr beizutragen, wenn auch abseits vom großen Wege.
Einem solchen Blümlein ist er in der fakultativen und mit viel Interesse gehörten Vorlesung über Astronomie während seines Studiums der Physik begegnet.
Der Professor, Hans-Ullrich Sander, ein würdiger älterer freundlicher Herr, erwähnte beim Abhandeln der Keplerschen Gesetze, dass jener seinem tiefen Glauben an eine harmonische Schöpfung folgend, angespornt durch den Erfolg seiner nicht genug zu würdigenden mathematischen Leistung, drei Gesetze gefunden zu haben, nach einer vierten Regel suchte. Die Abstände der damals 6 bekannten Planeten (einschließlich der Erde) von der Sonne sollte sie beschreiben. Kepler fand diese Regel nicht, viele nach ihm scheiterten ebenfalls und der Autor im jugendlichen Eifer dachte sich, das muss doch möglich sein, zumal die Datenlage besser ist und seit Kepler weitere Planeten entdeckt wurden. Solch eine Gruppe von gut gesicherten Werten müsste seiner Meinung nach physikalisch begründbar sein, zumindest mit dem Wissen der mittleren Jahre des 20. Jahrhunderts. Der Hinweis des Professors, dass man in der modernen Astronomie, diesem Thema keine große Bedeutung mehr beimisst, nährte die Hoffnung, hier ein Feld vor sich zu haben, auf dem keinerlei Zeitdruck herrscht, der dem Autor während des ganzen Studiums ansonsten gehörig zu schaffen machte. Hätte er geahnt, dass inzwischen die Wissenschaft zu der Überzeugung gelangte, da gibt es keine Regel, es ist alles historischer Zufall und jedes Nachdenken darüber ist Zeitverschwendung und diese Meinung von bedeutenden Wissenschaftlern vertreten wird [2)], er hätte das Blümlein wohl nicht weiter beachtet.

So aber verbiss er sich, wenn er sich auch dafür Zeit ließ, um so mehr in dieses Thema, je öfter alle Lösungsversuche und Denkansätze scheiterten, was dazu führte, dass er sich ständig mit der Theoretischen Physik auseinandersetzen musste, um im Studium Versäumtes nachzuholen und Neues hinzuzulernen.

Nach der zurückdenkend kaum fassbaren Zeit von etwa 15 Jahren gelang es ihm dann tatsächlich aus der guten alten klassischen Mechanik zwei Gleichungen herzuleiten, die ihn nicht nur jubeln ließen, sondern auch sicher machten, auf dem richtigen Wege zu sein, bei dem Blümlein schien es sich also wirklich um etwas Vergessenes zu handeln. Damit wird sich das Problem in eine physikalisch begründete Regel fassen lassen, war er sich ab diesem Moment sicher, es sind nur noch Lösungen dieser Gleichungen zu finden, die sich mit den astronomischen Werten decken - dies war allerdings, vielleicht zum Glück, sehr euphorisch gedacht.
15 Jahre sind schon eine unglaublich lange Zeit, nun aber lagen mehr als 30 völlig erfolglose vor ihm und ohne die gefundenen Gleichungen hätte er ganz sicher aufgegeben.

Dann aber half der Zufall, als er sich 34 Jahre nach Herleitung der Gleichungen entschloss, wenigstens die Herleitung der Gleichungen zu Papier zu bringen, in der Hoffnung, dass vielleicht jemand anderes damit etwas anzufangen weiß.
Was dann in den darauf folgenden Jahren geschah, davon handelt dieses Buch. Die vielen Zweifel und Irrungen, aber auch Erkenntnisse und Ergebnisse auf diesem Weg, sind als eine Art innerer Diskussion mit einem fiktiven Wesen eingebunden, weil sich der Autor in der Tat nicht sicher ist, dass, was dabei herauskam, allein nur seinem eigenen Nachdenken entwachsen ist oder doch in seinem Kopf ein unbekanntes Wesen mitgeholfen hat.

Januar 2023 Uwe Reichelt

Diese Erzählung, die ein Protokoll meiner wissenschaftlichen Arbeit ist, widme ich den Physikern meiner Familie und allen, die mich mit geduldigem Zuhören, Rat und Tat unterstützt haben.

Wenn es Ihnen auch so geht wie mir, das heißt Sie zu jener Sorte Mensch zählen, die ständig über Dinge nachgrübelt, von denen er ganz genau weiß oder zumindest ahnt, eine brauchbare Antwort kannst du nicht finden, dann wünsche ich Ihnen, eine gleiche Erfahrung wie mir, vielleicht können Sie es sogar besser angehen.
Seit ich denken kann, treibt es mich um zu erfahren, wie die Dinge wohl wirklich liegen, was sich verbirgt hinter den sichtbaren Kulissen unserer Welt. Nehmen wir ein einfaches Beispiel. Haben Sie eine Erklärung, wieso wir gerade auf diesem Planeten leben und uns für die Krone der Schöpfung halten? Doch halt! Schöpfung ist ja vielleicht schon gar nicht richtig, davon zumindest ist sicher ein nicht unbeträchtlicher Teil unserer Zeitgenossen und sicher auch unserer Vorfahren überzeugt. Sie würden vielleicht sagen: „Bisher höchste bekannte Stufe der Evolution." Am Ende aber bleibt es bei der gleichen Frage und gleichermaßen bleibt sie unbeantwortet. Zugegeben, das Beispiel ist nicht gerade glücklich gewählt, vielleicht aber kann man erkennen, was ich meine.

Als Physiker habe ich gelernt, dass alles dem allgemeinen Chaos zustreben muss, also einer maximalen Durchmischung, so sagt es der Zweite Hauptsatz der Thermodynamik, der die Entropie definiert und ihr ständiges Zunehmen in abgeschlossenen Systemen fordert. Ehrlich gesagt, der Name „Entropie" war mir nie sonderlich sympathisch, stammt als Kunstwort in Zusammensetzung aus dem Griechischen und bedeutet soviel wie „Umwandlung" oder „Wendung", was ihn mir aber auch nicht angenehmer macht. Doch an Namen kann man bestenfalls herummäkeln, dieser kennzeichnet jedenfalls ein Maß für die Unordnung. Und da diese nun eigentlich nur zunehmen kann, habe ich ein Problem, wenn ich mich in der Natur umschaue und doch gewisse Ordnungsprinzipien zu erkennen glaube und gleichzeitig zur Kenntnis nehmen muss, am Anfang soll es schon eine extreme Durchmischung, also alles andere als Ordnung gegeben haben.
Ich sitze auf meinem Sofa und könnte den Fernseher anmachen, um mich von dieser Grübelei abzulenken, ich könnte ein Buch lesen, das mich in eine andere Welt voller Klarheit entführt. Aber zu all dem habe ich gar keine Lust, irgendwie sind mir die Grübeleien lieber.
Die Abendsonne wirft ihre letzten Strahlen seitlich auf meine Balkongeranien, die glutrot aufleuchten und sehr malerisch vor dem

Hintergrund der grünen Stieleichen im vor meinem Balkon liegenden Park und dem zarten Blau der Züge des Erzgebirges wirken. Auch dieser schöne Anblick könnte mich vom Wirbel der Gedanken erlösen, er tut es nicht. Immer wieder schleicht sich der Gedanke, ganz ohne mein Wollen in den Vordergrund, ein Gedanke, der mehr eine Frage ist, die sich mir nicht beantworten will und die man sich eigentlich auch nicht stellen muss, die mich aber nicht loslässt. Es ist die vielleicht nicht zu beantwortende Frage, warum es jetzt in der Welt, in unserem Dasein offensichtlich Ordnung gibt, wie ich meine, eine Ordnung, die ganz und gar aus der vielleicht größten aller Unordnungen hervorgegangen ist, obwohl es gerade andersherum sein sollte nach meinem Verständnis und dem, was ich gelernt habe?
Das unsägliche Chaos des Urknalls hat sich doch bis zur heutigen Zeit in eine geordnete Welt gewandelt, selbst wenn der eine oder andere diese Ordnung mit Einschränkungen betrachten sollte, unumstößlich muss man zugeben, mehr Ordnung als zum Urknall ist in unserer Welt. Und dann steht da die Aussage des zweiten Hauptsatzes der Thermodynamik, dass sich alles zur „Unordnung“ hinbewegen muss! Wie geht das zusammen? Den zweiten Hauptsatz will ich nicht anzweifeln, versuche ich hier vielleicht etwas aufeinander anzuwenden, was man einfach nicht tun darf?
„Da musst du etwas gründlicher und systematisch mit deinen Gedanken umgehen“, meldet sich eine Stimme.
Ich sehe mich um. Im Zimmer ist niemand. Radio und Fernseher sind ausgeschaltet. Aber die Stimme war doch ganz deutlich zu vernehmen.
„Na klar, deutlicher als ich kann man nicht sprechen“, meldet sie sich wieder.
„Ich sehe dich nicht. Wo und wer bist du?“, frage ich unsicher und bin ziemlich fest davon überzeugt, darauf wird die Stimme nicht antworten.
„Ist mir klar, dass du mich nicht siehst“, zerbricht sie meinen Zweifel.
„Aber, ich höre dich doch“, ist alles, was ich zu entgegnen weiß.
„Als Physiker solltest du wissen, dass Hören etwas mit Schall und deinen Ohren zu tun hat.“
Richtig, darauf hatte ich noch gar nicht geachtet, es waren gar nicht meine Ohren, die diese Stimme wahrgenommen hatten. Auf irgendeine andere Art und Weise musste sie zu mir sprechen. Ein

wenig wird mir unheimlich. Es ist offensichtlich nicht das, was ich bisher unter einer Stimme verstanden habe. Es ist eine mir unbekannte Vermittlungsform. Ich krame in meinem Gedächtnis nach wissenschaftlicher Erklärung und bin enttäuscht.
„Zerbrich dir nicht den Kopf, du kannst es ohnehin nicht herausfinden", tröstet sie mich.
Jetzt versuche ich die Stimme zu analysieren, das wäre doch gelacht, wenn ich nicht dahinter käme. Ist sie weiblich oder männlich, jung oder alt, verraucht oder klar, spricht sie irgendeinen Dialekt? Doch zu meinem allergrößten Erstaunen kann ich keine dieser doch eigentlich sehr einfachen Fragen entscheiden. Sie spricht keinen Dialekt, sie ist weder männlich noch weiblich, nicht alt, nicht jung. Nicht einmal die Stimmlage kann ich zuordnen, rauchig klingt sie nicht und auch als klar kann ich sie nicht erkennen. Das gibt es doch nicht! Nun meldet sich der Physiker in mir zu Wort, wenn du sie nicht als Stimme einordnen kannst, dann nenn sie doch einfach „Nichtstimme."
„Gar nicht mal so schlecht", lacht die Nichtstimme. Ist das überhaupt ein Lachen? Nicht einmal das kann ich mit Sicherheit sagen. Woher weiß sie überhaupt, was ich denke?
„Wieso weißt du, was ich denke?", frage ich ein wenig erbost.
„Warum soll ich das nicht wissen, ich weiß sehr viel, reg dich nicht auf, ich trage nichts weiter, darauf darfst du bauen."
Ich beruhige mich. Dann aber packt mich die Neugier. „Wer bist du überhaupt, es wär schön und auch höflich, du stelltest dich mir vor. Wenn du in meine Gedanken schauen kannst und ich nicht einmal weiß, wer du bist, finde ich das sehr einseitig, gelinde ausgedrückt."
„Da gebe ich dir recht und ich könnte mich auch gern vorstellen."
„Wieso *könnte*? Was hindert dich?"
„Du stehst dem etwas im Wege."
„Ich? Unsinn, ich möchte ja, dass du dich vorstellst. Warum soll gerade ich dem im Wege stehen?"
„Um mich vorzustellen, braucht es Geduld im Zuhören und auch etwas Zeit. Und Geduld vermisse ich an dir hin und wieder. Willst du Zeit und Geduld aufbringen, mir zuzuhören? Du weißt inzwischen, wie ich das mit dem Hören meine."
„Natürlich will ich", da ist jetzt Trotz und Neugier vereint in mir.
„Also gut, versuchen wir es", ruhig und so als hätte ich sie nie darum ersucht sich vorzustellen, so als würde sie sich bei jeder Gelegenheit jemandem vorstellen, beginnt die Nichtstimme mit

einer Frage, „kannst du dir vorstellen, dass vor allem Sein irgendetwas war?“
Das verblüfft mich nun doch. Eine Frage gleich zu Beginn? Aber ich spiele mit.
„Also, ehrlich gesagt, kann ich mir das nicht vorstellen. Was sollte *vor* allem Sein denn an Existenz überhaupt möglich sein?“
„Nun nehmen wir sehr vereinfacht an, du wolltest eine Kiste bauen“, fährt die Nichtstimme unbeeindruckt fort, „was käme da vor der Kiste?“
„Ist ja albern, natürlich würde ich mir einen Plan machen, eine Skizze oder so, aber was hat das mit dir zu tun?“
„Sehr viel, du wirst sehen, falls deine Geduld ausreicht.“
„Sie reicht bestimmt aus.“
„Dann hör zu. Demnach kannst du mir folgen, wenn ich sage, dass vor allem Sein auch so etwas wie ein Plan gewesen sein muss. Plan ist sehr primitiv gesagt, besser und für dich zugänglicher wäre wohl der Ausdruck *Naturgesetz.*“
„Das klingt mir sehr nach *‚Das Bewusstsein bestimmt das Sein'* und diese These kenne ich wohl, obwohl ich in meiner Ausbildungszeit das glatte Gegenteil behaupten musste, um zu bestehen. Ich selbst“, fällt mir dann ein, „habe übrigens heimlich doch schon immer angenommen, dass vor dem Sein das Bewusstsein kommt.“
„Also gut, dann gehen wir davon aus, dass vor dem Sein *das* kam, was das Sein bestimmt und regelt und nennen das die *Naturgesetze*, und meinen die wahren, nicht unbedingt nur die durch euch erkannten.“
„Ja, gut, aber wo sollen die Naturgesetze herkommen?“
„Langsam, eins nach dem anderen. Geh jetzt einfach nur davon aus, vor allem Sein, noch ehe auch nur das Winzigste einem Gesetz folgen konnte, musste das Gesetz existieren.“
„Na schön, bist du etwa das Gesetz?“
„Dann hätte ich dir das in einem Satz sagen können, was oder wer ich bin“, fährt mich die Stimme, wie ich heraushören kann, etwas unwirsch an und ich ärgere mich über meine unüberlegte Frage.
„Wenn nun Gesetze existieren, nach denen alles haargenau abzulaufen hat, ich meine ganz exakt, was wäre dann mit dem Sein, auf das die Gesetze unumschränkt wirken?“, geht eine neue Frage an mich.

Und diesmal will ich nicht vorschnell antworten und überlege. Nach einer Weile sage ich, „nun, dann wäre wohl alles so wie es in unserer Welt eben ist."
„Da bist du verdammt schwer im Irrtum! Was wäre das für eine Welt, in der alles abläuft wie in einem Uhrwerk? Zu jedem beliebigen Zeitpunkt könntest du von diesem Zustand auf die Zustände zu jedem anderen Zeitpunkt eineindeutig schließen. Alles wäre bis aufs feinste bestimmt. Wozu, frage ich dich, soll es dann überhaupt ein Sein geben, wenn rein theoretisch alles bestimmt werden kann?"
„Ja, aber …", will ich kontern, dass so etwas Kompliziertes doch wohl nie praktisch zu berechnen ginge, halte mich aber im letzten Augenblick zurück, an meiner Abstraktionsfähigkeit will ich keine Zweifel aufkommen lassen.
„Starre Gesetze würden sogar von vornherein verhindern, dass so etwas wie dieses Sein überhaupt existieren kann", nimmt die Stimme unbeeindruckt ihre Rede wieder auf, als hätte sie meinen gedachten Einwand nicht wahrgenommen, was ich nach allem, das ich bisher von ihr weiß, sehr bezweifeln muss, „es gäbe mit solchen Gesetzen gar kein Sein", schließt sie fast kategorisch.
„Wieso soll es mit starren Gesetzen ein Sein nicht geben können?", bin ich nun doch verwundert, denn die Absolutheit der Aussage stört mich.
„Weil es kein *Davor* geben kann, denn auch im Davor hat ein solches Sein irgendeinen bestimmten Zustand, also gibt es kein Davor; weil dort ja auch schon Sein ist und wo es kein Davor gibt, gibt es auch kein Danach und ohne Danach kein Sein."
„Hmm …", ich will nicht zugeben, dass ich diesem Gedanken nicht ganz folgen kann, aber die Nichtstimme durchschaut mich.
„Machen wir es einfacher", tröstet sie mich, „exakte Gesetze würden alle Zustände für das *Sein* festlegen und es würde auch ein Zustand, der eurer Null entspricht, für alles existieren können. Der aber beschriebe nun das *Nichtsein*, nicht wahr? Aus einem Nichtsein kann sich ja wohl niemals ein Sein wieder heraus ergeben können, also gäbe es ab da kein Sein mehr, das Ganze wäre, das müsstest du einsehen, ziemlich sinnlos."
Ich überlege, was ich dazu sagen soll, noch ehe mir etwas aber in den Sinn kommt, redet die Nichtstimme weiter, „ich sehe, du hast Schwierigkeiten. Machen wir also weiter, denn im Grunde will ich dir nur klarmachen, dass die Naturgesetze nicht völlig exakt sein

können, soll ein sinnvolles Sein existieren. Ein exaktes Sein wäre intolerant, wäre nicht wirklich entwicklungsfähig in dem Sinne, dass auch Überraschendes, nicht vorhersehbares entstehen kann."
Mir fällt jetzt die Quantenphysik ein, „du meinst natürlich die Unschärfe, die wir akzeptieren müssen, wenn wir uns im Kleinsten bewegen", will ich jetzt meine Verständnisschwierigkeiten kaschieren.
„Du kommst dem Kern näher. Ja, das ist das Entscheidende, die Naturgesetze sind in zwar äußerst geringem Maße ungenau, das ist das Eine. Das Andere ist, dass es in ihnen Begrenzungen gibt", sagt die Nichtstimme, lässt mich aber spüren, dass ich für sie immer noch das Dummerle bin.
„Lichtgeschwindigkeit, Wirkungsquantum, was aber hat das mit dir zu tun?", will ich mein Bild, das sie sich von mir bisher offensichtlich gemacht hat, aufbessern.
„Jetzt sind wir am Kern der Sache und wenn du noch etwas Geduld aufbringst, erkennst du von allein, was und wer ich bin. Also folge meinen Gedanken. Die Lichtgeschwindigkeit ist die höchstmögliche für Dinge im Sein, das weißt du. Das Wirkungsquantum ist eine Schranke nach unten, gewissermaßen. Und solche Schranken nach unten sind nun für mich das Wichtigste an dem allen. Denn …", die Nichtstimme macht eine bedeutungsvolle Pause, „durch sie kann es den realen Zustand, der eurer Null entspricht, in vielen Dingen nicht geben. Es muss in diesen Teilen des Seins immer etwas existieren und sei es noch so klein. Und gerade das sichert meine Existenz. Ich bin dieses Allerkleinste, weniger als mich gibt es nicht und deshalb nenne ich mich, du wirst den kleinen Scherz darin verstehen, das Nichts. Ich bin das Nichts!"
„Ja", sage ich nach einer kleinen Weile, denn die Nichtstimme scheint mich jetzt nicht zu drängen und meinen Gedanken Spielraum zu lassen, „das kann ich verstehen, du bist also das allerkleinste etwas und nennst dich scherzhaft das Nichts, ist das so richtig?"
„Es ist."
„Nur das mit der Null macht mir Probleme, du weißt, welcher hohen Bedeutung der Null in der Mathematik zukommt, sie ist doch vorhanden, ohne sie sähen die Mathematiker ganz schön alt aus", greife ich den Faden wieder auf.
„Freilich weiß ich das. Es ändert aber nichts daran, dass eure Null nur eine Abstraktionshilfe ist, die euch nicht nur hilft, sondern auch

jede Menge Probleme bereitet. Und zudem geht ihr mit dieser Null recht sorglos um. Wenn ihr nämlich mal durch sie teilen müsst, dann steht ihr vor einem Dilemma und müsst diese komische Brezel, die liegende Acht einführen, von der niemand sagen kann, wie groß dieses Unendlich nun eigentlich ist. Das hatten ja wohl schon eure Voralten erkannt und die Nutzung dieser Null war im alten Griechenland sogar verboten. Das war nicht nur übertrieben, das war falsch. Die Null darf man nur nicht in jedem Fall zur Beschreibung im Kleinsten heranziehen, man muss sie irgendwann dort durch mich, das Allerkleinste, ersetzen und das Allergrößte von etwas ist dann nicht mehr unendlich, sondern entspricht lediglich dem reziproken Wert des Allerkleinsten. Ich gebe zu, für fast alles, was ihr berechnet, ist es unerheblich, ob ihr statt Null mit „Null plus nichts" rechnet, für Unendlichkeiten und nahe dem Wirkungskreis der Null aber ist es entscheidend. Verstehst du, was ich dir erklären will?"
„Aber die Null ist doch sehr sinnvoll", kontere ich, „sieh mal, wenn ich einen Apfel vom Tisch wegnehme und dort nur einer war, dann sind danach auf dem Tisch *null* Äpfel."
„Na und? Das bestätigt doch nur meine Rede. Ihr geht sorglos mit der Null um. Wenn du die Null benutzt, um etwas zu beschreiben, was nicht da ist, was es nicht gibt, dann hat sie lediglich den Wert einer Bezeichnung für eine Tatsache. Dann will ich ihr diese Berechtigung nicht absprechen. Doch sie kann auch angewendet werden zur Beschreibung der Tatsache, wenn zum Beispiel sich zwei verschiedene Dinge gegenseitig vollständig kompensieren, dann ist da keineswegs gar nichts, sondern eine Sache und eine zweite, die die erste kompensiert oder auslöscht, oder aufhebt. Und noch schlimmer wird es, wenn ihr zulasst, mit der Null an Dingen herumzurechnen, die niemals diesen Wert annehmen können, sondern immer vorhanden sein müssen. Und es gibt einige Dinge im Sein, kann ich dir sagen, die lediglich einen kleinsten Wert haben können, der aber hat nichts mit eurer Null zu tun. In eurem Zahlensystem freilich ist die Null von erheblichem Wert. Im binären Zahlensystem, mit dem ihr eure Maschinen rechnen lasst, stellt sie ja selbst etwas dar und im Zehnersystem letztendlich auch. Du siehst, die Null ist ein sehr anspruchsvolles Ding und man muss mit ihr deshalb sorgfältig umgehen. Für alles, was mich persönlich betrifft, existiert der Wert Null jedoch nicht, verstehst du?"

Ich bin beeindruckt. Natürlich verstehe ich das. Über so etwas habe ich noch gar nicht nachgedacht und habe doch schon so viel mit Mathematik in meinem Leben zu tun gehabt. Irgendwie finde ich es auch logisch, dass dieses Nichts mit mir darüber streitet. Für unsere Betrachtung der Welt ändert sich im Allgemeinen überhaupt nichts, nur wenn wir abstrahieren und wissen wollen, wie es im Kleinsten und im Größten, im Frühesten und im Spätesten aussehen mag, dann verändert es alles.
„Bist du nun das Kleinste von irgendetwas, also zum Beispiel der Zeiteinheit oder anderem?", fällt mir jetzt als Frage ein und ich stelle sie.
„Ich bin viele", kommt zur Antwort.
„Wie das?"
„So ganz hast du mich trotz meiner ausführlichen Vorstellung wohl doch noch nicht begriffen. Ich bin als Nichts die kleinste Zeiteinheit, ich bin die kleinstmögliche Änderung des Drehimpulses, dessen kleinsten Betrag ihr komischerweise Wirkungsquantum nennt, ich bin die kürzeste Länge, ich bin die kleinste Energieeinheit, ich bin das kleinste Teilchen, ich bin kurz gesagt von sehr Vielem, was du dir vorstellen kannst, das Kleinste. Ich bin eine Vielfalt, wohingegen", und hier macht das Nichts eine sehr bedeutungsvolle, lange und ich muss schon sagen, fast beleidigend lange Pause, „du mir eine Einfalt zu sein scheinst."
Das hat gesessen, es gibt also doch dumme Fragen, zumindest für dieses Nichts. Ich muss vor dem Fragen besser überlegen und nehme mir vor, ehe ich weiterhin eine Frage stelle, erst zu überlegen, ob ich die Antwort nicht selber finden kann.
„Nimm das nicht krumm. Ich will dich gar nicht kränken. Bleib einfach bei dem bekannten Satz, dumme Fragen gibt es nicht", tröstet mich die Nichtstimme.
Emotionen sind im Gespräch mit dem Nichts, was wohl mehr ein Streitgespräch ist, nicht angebracht. Ich gehe noch einmal in Gedanken die letzten Antworten durch und bin plötzlich elektrisiert. Dieses Nichts hat gesagt, es sei zum einen die kleinste Drehimpulsänderung und macht sich darüber lustig, dass wir diese Wirkungsquantum nennen. Wer aber hat denn je das Wirkungsquantum mit dem Drehimpuls direkt, also auch mathematisch in Verbindung gebracht?
„Bist du zum einen Teil das Wirkungsquantum?", entfährt es mir.

„Nein. Ich bin für diesen Gesichtspunkt nur die Hälfte eines Ganzen. Für anderes von mir aber würde das mit dem Kleinsten stimmen“
Was für ein Quatsch, ist mein erster Gedanke und schon ärgere ich mich, denn ich weiß doch, dass es meine Gedanken kennt. Doch ehe ich mich da herauswinde, redet dieses Nichts unbekümmert weiter, „Quatsch ist das nicht und da du offensichtlich nicht allein darauf kommst, will ich es dir gern erklären.“ Jetzt macht es eine Pause und mir wird ein wenig unbehaglich und zugleich ergreift mich große Neugier.
„Wenn es nicht so wäre, gäbe es mich nicht“, fährt es fort. „Wenn es schon für irgendwelche Dinge im Sein nur kleinstmögliche Änderungen gibt, also kleinste Änderungseinheiten, dann muss der allerkleinste Wert, den sie annehmen können, gerade halb so groß sein wie die kleinste Änderung selbst. Denn ...“, wieder macht das Nichts eine bedeutungsvolle Pause, weil es offensichtlich will, dass ich selbst in meinen Gedanken die Erkenntnis finde, „sonst könnte man vom kleinsten Wert eine Einheit abziehen und dieses Ding existierte nicht mehr, es hätte den Wert *Null*. Und diese Null wäre dann ja wohl der kleinste Wert, leider aber wäre es kein Wert mehr. Ist der kleinste Wert aber gerade eine halbe Einheit und man zieht eine Einheit ab, dann ändert sich nur das Vorzeichen, der Wert aber wird nicht Null und existiert weiter, das negative Vorzeichen stört nicht, es ist ohnehin nur eine Betrachtungssache.“
Das leuchtet mir ein.
„Du weißt wohl alles?“, frage ich mehr scherzhaft, doch das Nichts antwortet sehr ernsthaft, wie mir scheint, „Ja, ich weiß sehr viel. Im Grunde, denke ich, kann ich alle Fragen beantworten, die du stellen könntest und ich werde es auch tun, wenn dir daran gelegen ist.“
„Und ob mir daran gelegen ist!“, entfährt es mir. Wie sollte ich mir so etwas entgehen lassen, tausend Fragen werden mir einfallen und die Vorstellung, alle beantwortet zu bekommen, ist geradezu großartig. Das Nichts wäre für mich so etwas wie der Stein der Weisen, nach dem Generationen vor mir schon verzweifelt gesucht haben. Und zu mir ist so etwas nun daher gekommen, einfach so und nennt sich Nichts, eigentlich, ohne dass ich danach direkt gesucht habe.
„Nun, ja, sei nicht so euphorisch“, meldet sich das Nichts wieder und stoppt meinen Gedankenflug, „einen Haken hat die Sache.“
„Welchen Haken? Muss ich meine Seele verkaufen, wie Dr. Faust es tun musste?“

„Nein, das musst du nicht“, beruhigt es mich, „aber es gibt eine Frage, die du mir auf keinen Fall stellen darfst. Dann geht es nämlich so ähnlich wie in einer eurer Sagen, nur dass ich einfach ohne Antwort verschwinde, nicht erst nach gegebener Antwort, nach der mich ein ‚Schwan’ wegholt.“
„Und wel ...“, rechtzeitig stoppe ich meine spontane Frage, natürlich darf ich auch nicht fragen, um was es sich bei dieser verbotenen Frage handeln könnte, das käme ja wohl der Frage selbst gleich. Das also ist der Haken. Dann werde ich eben meine Fragen sorgfältig abwägen. In diese Falle will ich nicht tappen, zu wertvoll ist die Aussicht auf so leicht erworbene Erkenntnis. Ich will deshalb zum letzten Thema unseres Gespräches zurückkehren, doch dann fällt mir ein, dass das Nichts, mein gefundener Stein der Weisen, meine Gedanken ja kennt und erschreckt frage ich, „wie ist es aber, wenn ich in Gedanken zufällig diese verbotene Frage erwäge? Du kennst doch wohl meine Gedanken, wie ich schon mehrfach erfahren habe.“
„Das zählt nicht. Auch wenn ich deine Gedanken kenne, nur gestellte Fragen, die du beantwortet haben willst, zählen. Stell dir vor, man würde euch Menschen nach euren Gedanken beurteilen. Sei froh, dass Gedanken frei sind und niemand wie ich sie gewissermaßen mithören kann. Allerdings, ich weiß nicht, wie sich eure Art entwickelt hätte, könnte jedermann jedermanns Gedanken lesen. Vielleicht wäre es das Ende für eure Art“, das Nichts ist ins Philosophieren gekommen.
Ich aber bin beruhigt. Die Sache scheint mir beherrschbar und ich komme nun auf das Thema mit den kleinsten Dingen zurück, „was du mir über die kleinsten Werte von Dingen erläutert hast, leuchtet mir ein, hast du vielleicht ein konkretes Beispiel, das mir verständlich sein wird?“
„Na, das denke ich schon. Bleiben wir beim Wirkungsquantum, was wir ja schon angesprochen haben. Sein kleinster Wert in der Welt der stabilen und wahrnehmbaren Dinge, oder um es in deinem Verständnis zu benennen, in der Welt der Materie, beträgt exakt die Hälfte eines Wirkungsquantums. Es ist der kleinstmögliche Wert eines Drehimpulses, auch wenn deine Kollegen in der Physik das so nicht nennen wollen, und damit ist dieser kleinste Wert auch Teil von mir. Ändern aber kann sich ein Drehimpuls nur stets um den Wert ganzer Wirkungsquanten und das bedeutet, alles, was einigermaßen beständig sein will und nicht mit Lichtgeschwindigkeit dahin

rast, kann nicht den Wert *Null* für den Drehimpuls annehmen. Du siehst, in diesem Punkt ist meine Existenz gesichert."
Ich krame in meinem Wissen über Teilchenphysik, ja, es ist so. Alle beständigen Teilchen und sogar auch die flüchtigen, aber materiellen haben einen halbzahligen Eigendrehimpuls, den die Physik „Spin" nennt. Selbst die so gut wie lichtschnellen und dafür fast masselosen Neutrinos. Allerdings bei Bosonen, wie z.B. Photonen und Gluonen, ist es anders, sie haben einen ganzzahligen Wert, wie passt das?
„Ganz einfach, es gibt eben auch Dinge, die tatsächlich verschwinden können oder einfach nicht da sind, Hauptsache ist doch, dass es mindestens ein etwas gibt, was erhalten bleibt, zumindest für mich!", meldet sich das Nichts und geht in seiner Rede zu einem anderen Thema über,
„Erzähl mir lieber, wie du einem Kind erklären würdest, was ein Drehimpuls ist."
„Was soll das? Das weiß doch je ..."
„Na, dann erklär einmal", kommt unbeeindruckt der Einwurf.
Ich fühle mich examiniert und veralbert, beginne aber doch nachzudenken, „ein Drehimpuls ist eine gerichtete physikalische Größe aus dem Vektorprodukt von Impuls und Abstand vom Drehpunkt."
„Na, prima", fährt das Nichts dazwischen, „das solltest du des besseren Verständnisses wegen noch in einer unbekannten Fremdsprache von dir geben und jedes Kind wird es verstehen."
Das Nichts hat leider recht. Ich überlege weiter und dann habe ich eine Idee: Jedes Kind kennt einen Kreisel und zu dem Kind würde ich sagen, „stell dir einen schweren Kreisel vor, der richtig in Schwung ist. Und wenn du diesen mit beiden Händen plötzlich anhalten willst, dann spürst du, was der Drehimpuls ist."
„Gar nicht schlecht."
„Aber was soll diese Kinderei?", frage ich ein wenig erbost.
„Es ist keine Kinderei. Wer Dinge wirklich verstehen will, muss sie auch ganz einfach erklären können, denn was nützt das eigene Verständnis, wenn du es nicht vermitteln kannst?", schulmeistert es, um gleich darauf fortzufahren, „und wie hättest du es deinem Professor erklärt?"
„Welchem, dem für Theorie, dem Mathematischen oder dem Experimentellen, wem soll ich es erklären?"
„Nimm den schwierigsten deiner Erinnerung."

„Nun, dann wäre es der Theoretiker", schinde ich Zeit und suche gleichzeitig nach einer Drehimpulserklärung, die sowohl das Nichts beglückt als auch vielleicht meinen alten Professor, Gott hab ihn selig, zufriedengestellt hätte.
„Also, der Drehimpuls", fange ich im Stile der wohl meisten Examinierten an, „ist eine der wichtigsten Erhaltungsgrößen der Physik und beschreibt den in der Rotation von Körpern steckenden Impuls um eine Achse und legt dabei dessen Größe und auch die Drehrichtung fest. Er kann nur durch ein Drehmoment verändert werden." Nun halte ich inne und es würde mich nicht sehr verwundern, wenn das Nichts wie einst mein Professor daraufhin sagen würde, „Sie stecken ja noch in den Kinderschuhen."
Das Nichts scheint mit der Antwort zu zögern, meldet sich aber dann doch, „ein bisschen viel Begriffe, die man auch erst erklären müsste – Drehmoment, Rotation, Erhaltungsgröße."
„Es gibt eben Dinge, die versteht jeder, aber man kann sie nicht eindeutig definieren", kontere ich beleidigt.
„So? Da bin ich aber gespannt."
„Ja, oder kannst du vielleicht definieren, und zwar eindeutig, unverwechselbar, was ein Tisch ist?", hier greife ich auf eine Vorlesungsaussage meines Theorieprofessors zurück.
„Na, also ...", empört es sich, dann aber tritt Schweigen ein. Das Nichts scheint ernsthaft zu überlegen und an der sich dehnenden Zeit erkenne ich, dass ich es offensichtlich erfolgreich aufs Glatteis geführt habe.
Geraume Zeit vergeht, dann meldet es sich, „damit hast du wohl recht und da will ich nicht weiter am Drehimpuls herumstreiten. Doch, was ein Tisch ist, weiß wohl ein jeder, beim Drehimpuls trifft das sicher nur auf jene zu, die sich damit beschäftigt haben."
Ich antworte darauf nicht, weil ich spüre, in einem Streit ziehe ich auf Dauer den Kürzeren, kehre stattdessen zum Ausgangspunkt zurück und sage, „die Erkenntnis ist wohl, dass alle materiellen und zugleich beständigen Dinge einen kleinsten Drehimpulswert besitzen, der der Hälfte von dem Wert entspricht, um den sich dieser Wert ändern kann.", ich sinniere weiter, „das hieße doch, dass jeder auch in unserer Welt vorhandene Drehimpulswert, egal wie groß er ist, nur um diesen Wert sich ändern kann, und da der kleinstmögliche Drehimpuls der Hälfte des Wertes entspricht, muss jeder Drehimpulswert einem beliebig großen, aber stets Ganzzahligem des Wertes plus seiner Hälfte entsprechen."

„Etwas kompliziert ausgedrückt, aber so ähnlich ist es“, stellt das Nichts lakonisch fest, wobei es das „ähnlich“ eigenartig betont.
Das nehme ich kaum noch wahr, obwohl mich das „ähnlich“ hätte stutzig machen sollen, denn genau wie vorhin, als das Nichts diese Problematik schon einmal ansprach, elektrisiert mich dieser Gedanke aufs äußerste. Augenblicklich fühle ich mich mehr als dreißig Jahre zurückversetzt zu jenem Zeitpunkt, als mir die Ableitung, die ich viele Jahre gesucht hatte, gelungen schien und wieder umgab mich jenes geheimnisvolle warme Glücksgefühl, das man nur in seltenen, ganz bedeutenden Momenten im Leben haben kann, das unbeschreiblich ist und schneller vergeht als gedacht. Es war im Sommer des Jahres 1981, ich weiß sogar noch den Tag, es war der 28. Juli, als ich endlich auf die Gleichung schaute, die neu und doch so vertraut war, da sie sich in nur einer physikalischen Größe von einer der bedeutendsten physikalischen Gleichungen unterschied. Auf meinem Blatt Papier stand die berühmte Impulsgleichung Erwin Schrödingers, doch an Stelle des Planckschen Wirkungsquantums dort, blickte mir der gewöhnliche klassische Drehimpulswert entgegen: Verblüffung, Staunen, Freude, aber auch ein großes Fragezeichen. Und doch brauchte ich noch fast ein Jahr, um daraus mit weiteren Überlegungen eine Wellengleichung herzuleiten und diese entsprach bis auf einen Unterschied der berühmten Schrödingergleichung. Das muss die Lösung für die Problematik sein, war ich mir sicher, die ich seit meinem Studium irgendwie immer mit mir herumgeschleppt hatte, Keplers Suche nach einer Begründung der von ihm als harmonisch und natürlich angenommenen Bahnabstände der Planeten.
Schon als Student hatte ich die Vorlesung über Quantenphysik besonders gemocht, die Schrödingergleichung war mir, das muss ich bekennen, lieber als die Heisenbergsche Matrixmechanik, eines jedoch störte mich an ihr – sie war aufgestellt und nicht hergeleitet. Das sollte nun einen Physiker nicht allzu sehr grämen, schließlich kenne ich auch für die Newtonsche Schwerkraftformel keine Herleitung und andere Sätze und Gesetzmäßigkeiten waren auch nicht logisch abgeleitet, doch in diesem Falle, einen wirklichen Grund kann ich nicht einmal nennen, störte es mich. Seit jenen Tagen sann ich darüber nach, ob es nicht doch eine Möglichkeit gäbe, diese großartige Gleichung, die so Vieles aus der Welt des Kleinsten und uns so schwer zugänglicher Vorgänge erklärte, vielleicht doch herleiten zu können. Dass ausgerechnet ich so etwas schaffen könnte,

diese Vermessenheit kam mir nicht in den Sinn. Vielleicht aber ist Unbedarftheit manchmal gar nicht so übel, denn nun lag sie offensichtlich vor mir.
Irgendwann, lange vor 1981, versuchte ich mich in die Welt des Kleinsten hineinzudenken, sozusagen die Dinge von Punkt zu Punkt zu betrachten, der eine Punkt bin ich, der Beobachter, der andere ist das Objekt. Da ich zunächst das Objekt nicht beeinflusse, wird es sich auf einer Geraden an mir vorbeibewegen. Seine Geschwindigkeit ist konstant, damit auch die von mir registrierte kinetische Energie, die Bewegungsenergie, und leicht nachprüfbar, auch sein von mir festgestellter Drehimpuls in Bezug auf meinen Beobachtungspunkt, das Produkt aus Abstand und Tangentialgeschwindigkeit, mit der Objektmasse multipliziert. Versuche ich nun auf das Objekt einzuwirken, sei es anziehend oder abstoßend, so kann ich nur auf der direkten Verbindungslinie zu ihm wirken und den Drehimpuls nicht beeinflussen und ich stelle fest, dass genau dann, wenn meine Wirkung mit dem Quadrat des Abstandes abnimmt, *und* zwar reziprok, sich das Objekt auf elliptischen, parabelförmigen oder hyperbolischen Bahnen bewegt, also Kegelschnittbahnen. Diese Überlegungen waren nicht besonders aufregend, schließlich sind die Keplerschen Gesetze seit langem bekannt und besagen, dass die möglichen Bahnen bei einer solchen Kraft Kegelschnitte sind, die Kraft in einem Brennpunkt wirkt, der Drehimpuls konstant bleibt und die dritte Potenz des mittleren Abstandes (große Ellipsenhalbachse) durch das Quadrat der Umlaufzeit geteilt eine Konstante für alle Kegelschnittbahnen ist, solange es sich um ein und dasselbe Kraftzentrum handelt. Auf der Hand liegt da geradezu, das Ganze in ebenen Polarkoordinaten zu behandeln, denn dort werden alle möglichen Kegelschnitte als reine Winkelfunktion nur durch zwei Parameter beschrieben, den kleinsten Abstand der Bahn zum Zentrum und einem Exzentrizität genannten Parameter, der die Ellipsenform festlegt.
Diese Überlegungen hatten damals, als ich sie anstellte, noch keinesfalls das konkrete Ziel, die Schrödingersche Gleichung herzuleiten. Es war mehr eine Gedankenspielerei, wie ich sie des Öfteren betrieb. Hält man einen dieser Parameter fest und variiert den anderen, so erhält man eine Schar von ähnlichen Kurven, die sich nicht schneiden, also ist zum Beispiel die Exzentrizität konstant und die Bahn eine Ellipse, dann entsteht die dazugehörige

Bahnenschar durch Verändern des kleinsten Abstandes vom gemeinsamen Zentrum. Hier nun reizt es geradezu, den Gradienten zu dieser Kurvenschar zu bilden.
„Was ist ein Gradient?“, fährt das Nichts in meine Überlegungen.
„Tu’ nicht so, als wüsstest du das nicht“, antworte ich unwirsch.
„Rede dich nicht heraus, erkläre es mir und geh davon aus, ich habe noch nie etwas darüber gehört.“
Ich weiß, es ist sinnlos, dass ich versuche, mich zu drücken und so fange ich an zu überlegen, wie ich es am besten erkläre.
„Der Gradient eines Kurvenfeldes gibt an, wie stark ihr Unterschied senkrecht zu den Kurven ist und zeigt in die Richtung dieses Unterschiedes. Nein, warte ...“, ich überlege, so geht es nicht und ich setze erneut an, „jede dieser Kurven der Schar unterscheidet sich in irgendeinem Wert von ihren Nachbarn, es könnten Höhenlinien sein, oder wie hier Bahnkurven und die unterscheiden sich dann in Energie und, oder Drehimpuls auf der Bahn. Der Gradient gibt nun für jeden beliebigen Punkt der Bahn an, wie groß dieser Unterschied ist und zeigt in die Richtung des Unterschiedes, das bedeutet, das sich ergebende Gradientenfeld ist ein gerichtetes Feld, steht stets senkrecht auf den Bahnkurven und ist an jedem Punkt ein Maß für die Änderung zu den Nachbarbahnen. Mathematisch wird der Gradient mithilfe eines Differenzialoperators gebildet, den man auf ein skalares, also reines Feld von Werten wie die Bahnenschar anwendet.“
„Na, ja, mal ehrlich, wenn ich nicht wüsste, was ein Gradient ist, aus deiner Erklärung, wäre ich kaum schlau geworden, allerdings sind auch die Definitionen in Büchern wie dem Brockhaus wohl nur jenen zugänglich, die ohnehin etwas davon verstehen.“
Leider muss ich dem Nichts im Stillen recht geben, da es aber nichts verlauten lässt, schlussfolgere ich, dass es wohl doch so einigermaßen mit meiner Erklärung zufrieden ist und kehre zu meinem Gedankengang zurück.
Wie habe ich das damals hergeleitet? Ich nehme mir meine alten Aufzeichnungen her und muss feststellen, dass ich sie nicht so ordentlich geführt habe, um mehr als dreißig Jahre später, darin noch durchzufinden. Was soll ich tun? Eine Zeit lang bin ich etwas ratlos, probiere dies und das, aber vergeblich. Dann komme ich auf die Idee, vielleicht helfen mir die Lehrbücher meines Theorieprofessors weiter. Zuerst blättere ich etwas konfus darin hin und her, doch dann schlage ich zufällig eine Seite auf und beiße mich an den

Kapiteln über die äquivalenten Beschreibungen der mechanischen Bewegungsgleichungen fest [3].
„Zufall ist nur für den Unwissenden eine brauchbare Erklärung", meldet sich das Nichts wieder und ich erkenne, es überwacht meine Aktionen mit dem Lehrbuch der Theoretischen Physik und ich ahne, so zufällig war das Aufschlagen dieser Kapitel nicht, die während des Studiums etwas stiefmütterlich behandelt wurden, zumindest von mir. Wie wenig ich doch seinerzeit verstanden habe!
Jetzt aber will ich es unbedingt wissen. Es dauert. Was man so in den Jahren alles wieder vergisst, aber nun muss ich eben mit mehr Mühe als damals mich da hineinarbeiten. Langsam begreife ich und bin erstaunt, wie wenig ich während des Studiums von diesen großartigen Formulierungen verstanden habe.
Variationsproblem, Eulersche Differenzialgleichung, Lagrange Formalismus, Hamilton'scher Formalismus und schließlich der Hamilton-Jacobische Formalismus.
Es sind nicht nur Tage, die ich zum Verständnis benötige, aber inzwischen weiß ich, nur wirklich verstandenes macht Sinn und so mühe ich mich redlich. Dann, am Ende, kommt da eine kurze Darlegung, die sich Übergang zur Wellenmechanik nennt und einen einfachen Weg zur Schrödingerschen Wellengleichung der Quantentheorie [4] weist.
Ich traue meinen Augen nicht! Dort steht ein Lösungsansatz für meine Gleichung, richtigerweise muss ich sie Schrödingers veränderte Gleichung nennen, nachdem ich jahre- eigentlich jahrzehntelang vergeblich gesucht hatte.
Von Anbeginn war mir klar, dass ich praktisch nutzbare Ergebnisse aus der Gleichung herleiten muss, um ihren Wert zu untermauern.
Auch das, worauf ich sie anwenden wollte, war ja das eigentliche Ziel, es ist die alte und in der Astronomie viele Jahrhunderte so wichtige, heutzutage aber wohl als unwichtig kaum noch beachtete Frage: sind die merkwürdigen Bahnradien der Planeten unseres Sonnensystems zufällig, oder gibt es eine physikalische Erklärung dafür? Die Idee des Johannes Kepler.
Die Erklärung sollte in mathematischen Lösungen dieser Gleichung stecken. Wie wunderbar wäre es, dachte ich schon damals, könnte man mit einer einheitlichen Gleichung Abläufe im Sonnensystem, also dem Großen, gleichermaßen wie im Kleinsten, der Quantenphysik, beschreiben. Welch eine unglaubliche Schönheit und Einheitlichkeit in unserer Welt täte sich auf!

Doch ich kannte nur die Lösungen der Quantenphysik, die als Eigenwerte ein vollständiges Lösungssystem darstellen – und diese auf die um unsere Sonne umlaufenden Planeten anzuwenden, ergab so gar keinen Sinn.
Es passte nichts, aber auch überhaupt nichts, wie enttäuschend. Und doch blieb stets in mir das Gefühl, dann muss es vielleicht einen anderen Lösungsansatz geben und nun, nach so vielen Jahren, liegt er vor mir.
Es ist der einfachste und naheliegende Lösungsansatz und die Frage muss ich mir stellen, warum komme ich erst jetzt darauf nach dem erneuten Studium in meinem Theorielehrbuch und es klingt der Satz meines verehrten Theorieprofessors in den Ohren „die Lösung eines Integrals findet man oft am leichtesten, indem man die Funktion sucht, deren Differentiation den Integranden ergibt." Das ist schlicht und einfach, die Anwendung des Fundamentalsatzes der Infinitesimalrechung der Mathematik, jenes Thema, mit dem ich schon beinahe in der Abiturprüfung gescheitert wäre, ist das nicht merkwürdig?
Genau so ist die gesuchte Lösung zu finden. Die Zeitdifferentiation eines Ausdruckes, die zur vorliegenden Gleichung führt, weist den Weg und der Ausdruck ist die gesuchte Lösung!
Die Lösung ist eine einfache harmonische Wellengleichung, einfacher gesagt, sie beschreibt Sinus- und Kosinusfunktionen! Jetzt kann ich in allem den gleichen Interpretationen folgen, die bereits für die Quantenphysik gefunden wurden. Die Wellen stellen Wahrscheinlichkeiten dar, Impulse und Energie können im Lösungsansatz über Drehimpulswerte beschrieben werden, über ein Vorzeichen in der komplexen Wellenfunktion lassen sich einlaufende und auslaufende Wellen definieren, Überlagerungen von Wellen führen zu stehenden, eingefrorenen oder einfach laufenden Wellen.
Und meine erste Frage ist: haben die Extremwerte dieser Wellen etwas mit den Abständen der Planeten zu tun, sind sie die lange gesuchte Lösung? Wenn ich die Lösungen einer einlaufenden und einer auslaufenden Welle miteinander multipliziere, erhalte ich eine Erwartungsfunktion, die zwei unabhängige Lösungen mit Maxima und Minima hat. Es sind die Quadrate simpler Kosinus- und Sinusfunktionen, nur anstelle eines Winkels hängen sie von Ortskoordinaten, Wellenlängen und Verhältniszahlen ab. Was haben diese Maxima mit den Planetenbahnradien zu tun? Mir ist klar, die

exakten Lösungen von Gleichungen dieser Art benötigen Aussagen über den Anfangszustand des zu untersuchenden Systems und Aussagen über Randbedingungen. Beides liegt nicht vor, denn wie das Sonnensystem zum Zeitpunkt seiner Entstehung aussah, wissen wir nicht. Doch die Astronomie, eigentlich war es Johann Friedrich Wurm 1787, hat, ganz sicher nicht, um mir bei der Lösung zu helfen, die Astronomische Einheit eingeführt und den mittleren Abstand der Erde von der Sonne als „Eine Astronomische Einheit" definiert, „AE" genannt, im Englischen „AU." Mit dieser Einheit werde ich arbeiten, vielleicht ersetzt das ja die fehlenden Anfangs- und Randbedingungen.
Zur ersten Überprüfung nehme ich den einfachsten Fall an: Nur die radiale Koordinate wird berücksichtigt, was ausreicht, um Vergleiche zu den mittleren Bahnabständen von Planeten anzustellen, das Ergebnis soll zeitunabhängig sein und ich versuche Wellenlängen zu finden, die Maxima an den Stellen der mittleren Entfernung der Planeten von der Sonne haben und ich hoffe, denn das ist *sehr wichtig,* mehrere Planeten liegen auf verschiedenen Maxima der gleichen Welle.
Es heißt rechnen! Schnell wird mir klar, dass offensichtlich ein gütiges Schicksal mich beizeiten mit Rechentechnik vertraut gemacht hat. Schon Anfang der siebziger Jahre kam ich im Beruf mit Rechnern in Berührung und lernte deren Fähigkeiten, nachdem ich vordem einige Korrelations- und Regressionsanalysen mit Hand ausgerechnet hatte, über alle Maßen schätzen. Es war keine Mühe, programmieren zu lernen, ich war geradezu darauf versessen, die Möglichkeiten auszuschöpfen. Auf verschiedenen System programmierte und projektierte ich in verschiedenen Rechnersprachen und als dann das Rentenalter nahte, wurde mir bewusst, dass ich mit all den Programmiersprachen diese mir liebgewonnene Tätigkeit zu Hause nicht fortsetzen kann, denn alle waren sie nur für Großrechner geeignet und so lernte ich kurzerhand eine weitere Programmiersprache, diesmal jedoch für Computer wie man sie zu Hause haben kann. Welch ein Segen, merke ich nun.
Die Daten der Planeten finden sich überall, wenn auch mit geringen Unterschieden. Mein Brockhaus hat sie, selbst mein Tafelwerk aus der Schulzeit führt sie, ich jedoch entnehme sie dem Internet zunächst aus dem Nachschlagewerk Wikipedia.
Das erste Programm, mit dem ich auch grafisch untersuchen kann, zeigt mir, was mich ohne Computer erwartet hätte und meine Hoch-

achtung vor jenen, die wie Johannes Kepler kaum mathematische Hilfsmittel hatten, steigt ins Unermessliche.
Zuerst schaue ich mir die Großplaneten an und vielleicht aus Nostalgie nehme ich auch den seit 2006 zum Zwergplaneten degradierten Pluto mit hinzu.
Als auf dem Bildschirm die Bahnkurven einheitlich ausgerichtet erscheinen und ich eine Kosinusquadratfunktion mit der Wellenlänge von 9.77 astronomischen Einheiten in der Hauptachsenrichtung dazu projiziere, traue ich meinen Augen kaum. Saturn, Uranus und Neptun liegen fast exakt auf Maxima, der Jupiter in einem Minimum und Pluto schießt den Vogel ab, sein Fernpunkt, die sogenannte Apoapside, mitunter auch Aphel genannt, und sein Nahpunkt, die Periapside (Perihel), liegen ebenso wie sein mittlerer Abstand ebenfalls auf Maxima. Die Sonne im Zentrum selbst hat natürlich bei Kosinusfunktionen auch ein Maximum.
Ein wenig, das will ich zugeben, habe ich mit einer erneuten Enttäuschung gerechnet, aber nun das!
Ich schaue mir auch den Zwergplaneten Eris an und sehe, auch seine Apsiden liegen auf Maxima dieser Welle, sein Nahwert auf dem 4. Maximum und sein Fernwert auf dem 10. Da sich die Bahnexzentrizitäten bei elliptischen Bahnen aus der Apsidendifferenz (größter Abstand minus kleinstem) geteilt durch die Apsidensumme ergeben, sollten die Werte von Bahn bestimmenden Exzentrizitäten aus Brüchen ganzer Zahlen herrühren, ist deshalb meine Schlussfolgerung.
„Sei mal nicht ganz so begeistert und bedenke, dass Himmelskörper sich gegenseitig beeinflussen, also stören, und dass manche auch Reste von Zusammenstößen sein dürften. Außerdem, wenn auch nur *ein* Apsidenwert durch irgendetwas gestört ist, wirkt sich das durch den Bruch unter Umständen doppelt aus“, versucht das Nichts meine Hochstimmung zu trüben.
Ich aber probiere. Die astronomisch ermittelte Exzentrizität von Pluto beträgt 0.2488 und seine Apsiden liegen auf Maximum drei und fünf, also ergibt sich ein Wert von 0.2500. Jubel! Bei Eris klappte es nicht ganz so gut, statt 0.4422 ergibt sich mit 6/14 = 0.4286 eine Abweichung von ca. 3 %. Trotzdem, ich bin begeistert.
Jupiter, Saturn, Uranus und Neptun lassen eine Darstellung ihrer Bahnexzentrizitäten durch Brüche ganzer Zahlen auch mit großer Genauigkeit zu, allerdings zu anderen Wellenlängen. So bleibt nur die Schlussfolgerung, es muss mindestens zwei Arten von Wahr-

scheinlichkeiten geben, die erste, vielleicht ursprüngliche, die die mittlere Lage oder bei großen Exzentrizitätswerten auch die Bahnform bestimmt, die gewissermaßen bei Entstehung des Systems die Grundlage für die Bahn bildet und dann eine zweite oder auch weitere, die vielleicht von den sich dort bildenden Himmelskörpern als eigene Welle entstehen.
Mit Feuereifer mache ich mich daraufhin an die Untersuchung der inneren Planeten und sehe schon, als ihre Bahnkurven erscheinen, hier wird es nicht so einfach. Natürlich fällt mir sofort die ziemlich klare Zuordnung der Exzentrizität bei Merkur auf: 1/5 = 0.2000, 0.2056 ist der reale Wert. Eine Abweichung von weniger als 3 %.
Erde und Venus, denke ich zuerst, haben fast kreisförmige Umlaufbahnen und da wird man eine solche Betrachtung nicht sinnvoll machen können, aber ich mache sie doch – und staune. Die Erdbahn hat die Exzentrizität laut Wikipedia von 0.0167 und 1/60 = 0.016666 … weicht davon nur um 0.2 % ab und die Venus mit dem geringsten Wert aller Planeten von 0.0067 differiert mit 1/150 = 0.0066666 … nur um 0.5 %. Nebenbei fällt auf, dass 0.0167/0.0067 = 2.493 etwa gleich 5/2 ist. Könnte es sein, dass die geringfügigen Abweichungen zu den Idealwerten aus irgendwelchen Störungen herrühren oder gar Fehler in der Bestimmung der Werte vorliegen?
Mir fällt der Einwurf des Nichts ein, ja, ich musste mit Differenzen leben und mir gegebenenfalls Gedanken machen, woher die Abweichungen rühren.
Die Wellenlänge, zu der die Lagen der äußeren Planeten so gut passen, kommt für die inneren Planeten nicht infrage. Hier musste eine andere bestimmend sein. Aber welche? Jetzt könnte ich einen Tipp vom Nichts gebrauchen.
„Nein, mein Freund, das Denken nehme ich dir nicht ab, schau dir die Daten genau an und gehe alle denkbaren Möglichkeiten durch“, meldet es sich tatsächlich.
Aha, einen Tipp will es mir nicht geben, aber ich entnehme seiner Rede, dass es sehr wahrscheinlich eine Lösung gibt, ich muss nur darauf kommen.
Die Erde ist der größte innere Planet und wenn ihre Apsidendistanz von 0.0334 ~ 1/30 AE eine brauchbare Wellenlänge wäre, könnte ich es versuchen. Wenn man bei der Kosinuswelle Maxima und Minima betrachtet, ist es so, als schaute man sich gleichzeitig auch die Sinuswellenlösung mit an. Die Wellenlänge 1/30 AE hat natürlich im Zentrum (Sonne) ein Maximum oder für die

Sinuslösung ein Minimum, die Erdapsiden liegen sehr genau auf Minima und, jetzt staune ich, die Apoapside des Mars liegt fast exakt auf einem Maximum, ebenso die Apoapside des Merkur. Auch die Periapside des Merkurs weicht nur gering von einem Maximum ab. Beim Mars ist deren Abweichung etwas größer.
Teile ich die astronomisch ermittelten (Wikipedia) Apsidenwerte durch die Wellenlänge von 1/30 AE, so sollten sich nach meiner Erwartung wenigstens einigermaßen genau halb- oder ganzzahlige Werte ergeben, halbzahlig für Sinus und ganzzahlig für den Kosinus. Es ergeben sich als Zahlen für - Merkur: 9.222-14.0009; Venus: 21.498-21.844; Erde: 29.50-30.501; Mars: 41.434-49.98. Ich runde diese Zahlen zu 9.2 – 14 – 21.5 – 22 – 29.5 – 30.5 – 41.4 – 50. Also sechs von acht Werten passen sehr genau zu meiner Erwartung, zwei mehr oder weniger. Das Nichts hatte mich gewarnt, die gemessenen Werte könnten gestört oder fehlerbehaftet sein, also sind die Zahlen selbst keine Enttäuschung, aber es stört mich, dass nicht wie bei den äußeren Planeten im Prinzip jedes Maximum (oder Minimum) belegt ist. Dann fällt mir auf, dass die Zahl der Merkurapoapside (14.0009) nur um 0.0064 % vom Wert 14 und die der Marsapoapside um 0.04 % vom Wert 50 abweicht. Kann so etwas Zufall sein?
Was ergibt sich, wenn die Marsapoapside (1.6660 AE) den Wert 1.66666 … = 5/3 hätte? Das 5. Maximum kann dort nicht liegen, weil die fünf weiter innen liegenden Bahnwerte (einschließlich der Apsiden Mars, Merkur) nicht untergebracht werden können. Aber 10/6 ginge! Dazu gehört eine Wellenlänge von 1/6 = 0.166666 … AE. Dann sind zwar auch das 1., 5. und 7. Maximum nicht besetzt, doch immerhin deutlich weniger sind unbesetzt als bei der obigen Betrachtung. Die Übereinstimmung zu den Planetenwerten hat jedoch gelitten. Was ist zu tun?
Immer, wenn solche Fragen auftauchen und ich Zahlen habe, schaue ich sie mir wieder und wieder an, in der Hoffnung, die Erleuchtung wird schon kommen.

„Was anderes hätte ich dir auch nicht empfehlen können, es sei denn, ich erzähle dir gleich meine Ansichten darüber. Das aber tue ich nicht. Denken musst du allein“, irgendwie scheint sich das Nichts an meinem Spiel mit den Zahlen zu ergötzen, egal, ich möchte schon allein darauf kommen und so antworte ich, wohl ein wenig trotzig, „ich frage dich auch nicht.“ Vor mir habe ich die geordneten Werte in AE. Bei der Erde, am 6. Maximum, habe ich die Apsiden dazu genommen:

Max.	*Astr. Wert*	*Wellenwert*	*Differenz absolut*	*%*
1	*-*			
2	*0.3075*	*0.3333*	*0.258*	*8.4*
3	*0.4667*	*0.5000*	*0.0333*	*7.1*
4	*0.7233*	*.06666*	*0.0566*	*7.8*
5	*-*			
6	*0.9833*	*1.0*	*0.0167*	*1.7*
6	*1.0*	*1.0*	*0.0*	*0.0*
6	*1.0167*	*1.0*	*0.0167*	*1.7*
7	*-*			
8	*1.3815*	*1.3333*	*0.0482*	*3.5*
9	*1.5240*	*1.5*	*0.0240*	*1.6*
10	*1.6660*	*1.6666*	*0.0006*	*0.04*

Es gehört nicht viel dazu, die Wirkung der Zahlen 6 und 60 in den Differenzen zu erkennen. Ich ordne neu:

Max.	*Astr. Wert*	*Wellenwert und Korrektur n/60*	*Differenz Absolut*	*%*
1	*-*			
2	*0.3075*	*2/6-2/60 = 0.3000*	*0.0075*	*2.4*
3	*0.4667*	*3/6-2/60 = 0.4666*	*0.0001*	*0.0*
4	*0.7233*	*4/6+3/60 = 0.7167*	*0.0066*	*0.9*
5	*-*			
6	*0.9833*	*6/6-1/60 = 0.9833*	*0.0000*	*0.0*
6	*1.0*	*6/6*	*0.0000*	*0.0*
6	*1.0167*	*6/6+1/60 = 1.0157*	*0.0000*	*0.0*
7	*-*			
8	*1.3815*	*8/6+3/60 = 1.3833*	*0.0018*	*0.1*
9	*1.5240*	*9/6+1/60 = 1.5167*	*0.0073*	*0.5*
10	*1.6660*	*10/6 = 1.6666*	*0.0006*	*0.04*

Dieses Ergebnis finde ich verblüffend. Irgendetwas muss die inneren Planeten von ihrer ursprünglichen Ideallage abgebracht

haben und es scheint für alle Bahnen die gleiche Ursache gewesen zu sein.
Schlussfolgernd aus der kompletten Belegung der Maxima aller äußeren Planeten, Jupiter ausgenommen, sollten auch im Inneren des Sonnensystems alle Maxima belegt sein. Beim ersten Maximum kann ich mir vorstellen, dass die Sonne beim Zünden der Fusion mit ihrem ungeheuren Strahlungsdruck die wahrscheinlich geschmolzene oder verdampfte Materie weggeblasen hat und es für die Bildung eines Planeten nicht gereicht hat. Aber die Maxima fünf und sieben? Wären auch dort kreisförmig umlaufende Planeten entstanden, so müssten sie auch jetzt noch auf ihrer Bahn sein. Was aber, wenn, ähnlich wie beim Mars, die Apsiden eines Planeten zur Entstehungszeit auf diesen Maxima lagen. Dann hätte er die gleiche mittlere Bahnentfernung wie die Erde und das bedeutet nach dem dritten Keplerschen Gesetz, seine Umlaufzeit wäre auch identisch, vielleicht bis auf einen geringfügigen Unterschied. Nun sehe ich auf einmal ein dramatisches Szenario vor mir. Diese Umlaufbahn hat zwei Schnittpunkte mit der Erdbahn und selbst bei ideal gleicher Umlaufzeit müsste es durch die Periheldrehung, die bei relativ großer Bahnexzentrizität deutlich wird, der Merkur als Beispiel, irgendwann zu einem Zusammentreffen zwischen diesem Planeten und der Erde gekommen sein. Wäre das eine Katastrophe? Nein, nach kosmischen Maßstäben wäre es eine fast freundschaftliche Annäherung, denn da der mittlere, die Energie pro Masseneinheit bestimmende Bahnradius bei beiden Planeten gleich ist und sie am Treffpunkt die gleiche potenzielle, gravitationsbedingte Energie pro Masseneinheit haben, folgt, dass ihre Geschwindigkeiten ebenfalls gleich sind und sich nur in der Richtung geringfügig unterscheiden. Beschleunigungen können bei diesem Vorgang nur durch die Gravitation der beiden Körper selbst auftreten. Wie sie aufeinandertreffen ist nicht zu sagen, ein direkter Zusammenprall scheint mir nicht schlüssig. Der Grund für diese Annahme: wenn nach einem massiven Zusammenprall aus dem resultierenden um den 6. Planeten Erde kreisenden Materiefeld der Mond entstanden wäre, dann sollten auch in zwei Lagrange-Punkten heute noch Massekonzentrationen feststellbar sein oder sogar Mondtrojaner. Nirgendwo kann ich darüber etwas finden und denke, dort ist nichts.
„Was ist ein Lagrange-Punkt?“, stört das Nichts meine Überlegungen. Ich konnte es mir denken.

„In einem Schwerefeld zweier Körper, Sonne-Erde, Erde-Mond, gibt es fünf Stellen, auf denen Materie stabil oder instabil umlaufend verharren kann. Sie sind nach dem italienischen Physiker und Astronomen benannt, weil er sie wie auch der Schweizer Mathematiker Euler ermittelt hat."
Und etwas boshaft füge ich hinzu, „falls du lesen kannst, gibt es übrigens genügend Nachschlagewerke, wo du dich selbst informieren könntest", was aber leider beim Nichts keinerlei Wirkung erzielt.
„Ich frage nicht meinetwegen", ist sein Kommentar dazu.
Ein leicht streifender Zusammenstoß erscheint mir eher denkbar, am wahrscheinlichsten aber halte ich ein Einfangen und dann ist dieser Planet heute noch allabendlich am Firmament zu sehen, unser guter alter Mond. Sollte dieser Vorgang, im Sonnensystem immerhin ein sehr bedeutsamer, verantwortlich sein für die Bahnänderungen der anderen inneren Planeten?
„Eine interessante These, die du da aufstellst", fährt das Nichts in meine Überlegungen.
„Sag mir lieber, ob du meine Überlegungen teilst und noch besser wäre es, da du ja soviel weißt, du könntest sie mir bestätigen", doch ich weiß schon, das Nichts positioniert sich nicht gern.
„Irrtum, ich habe stets feste Positionen, nur greife ich nicht ein in, wie man so schön sagt, laufende Ermittlungen."
Aha, daher weht der Wind. Ich bin mit meinen Untersuchungen und Überlegungen noch nicht weit genug gegangen.
Wie konnte dieser Urmondeinfang die näheren Planetenbahnen beeinflussen, greife ich das Problem wieder auf? Diese Frage quält mich einige Tage. Dann aber habe ich eine Idee. Suchte die Wissenschaft nicht schon lange mit erheblichem Aufwand nach den von der Allgemeinen Relativitätstheorie vorhergesagten Gravitationswellen und hat sie inzwischen auch nachgewiesen?
Natürlich! Man erwartete, wenn zwei Supermassen wie Schwarze Löcher aufeinandertreffen, dass Wellen enormer Energie abgestrahlt werden müssten. Und irgendwo im Universum sollte hin und wieder so etwas passieren. Vielleicht in Milliarden Lichtjahren Entfernung. Dann aber muss auch das Einfangen eines Planeten solche Wellen aussenden und mit ihnen Energie und Impuls in den Raum tragen, die sich freilich mindestens proportional zur Entfernung abschwächen. Aber die Nachbarplaneten waren nur Lichtminuten entfernt! Ja, frohlocke ich, das kann die Erklärung sein. Bei allen Himmels-

körpern der Nachbarschaft würde diese Welle eintreffen, mehr oder weniger verzögert, und wie andere Wellen auch Impuls und Energie je nach Resonanzverhalten des Körpers übertragen, ganz leichte Körper werden einfach nur hin- und herbewegt, so wie ein kleines Papierboot von einer großen langen Welle nur angehoben und wieder abgesenkt wird, ohne seinen Standort wesentlich zu verändern, ein sehr großer Körper nimmt die gesamte Energie und den kompletten Impuls unbeeindruckt auf und reflektiert die Welle einfach, aber ein zur Wellenlänge passender kann sie aufnehmen und Energie und Impuls übernehmen und so seine Lage verändern. Die inneren Planeten passen in Größe und Entfernung perfekt, um sich aus ihren Urbahnen bringen zu lassen.
Eines ist dabei zu vermuten, der Ort, an dem die Welle einen Planeten trifft, müsste sowohl in der ursprünglichen als auch der neuen Bahn enthalten sein, wenn nicht die Übertragung mehrfach erfolgte. Deshalb schließe ich, dass die Venus vorher nicht kreisförmig im Abstand von 0.666 AE um die Sonne gekreist sein kann, denn die jetzige Bahn erreicht diesen Abstand nicht. Mir bleibt nur die Annahme, Venus pendelte vorher zwischen 0.666 AE und 0.8333 AE und erst die Energie der auftreffenden Welle hat ihr zur fast kreisförmigen Bahn verholfen. Mir kommt der Gedanke, würde man aus den heutigen Orten der inneren Planeten, der Bahnlagen, ihrer Umlaufzeit und der Periheldrehungen zurückrechnen, so sollte es einen Zeitpunkt geben, zu dem gleichzeitig alle Planeten an den Kreuzungspunkten ihrer alten und neuen Bahnen stehen und eine kreisförmig vom Kreuzungspunkt Erde – Urmond ausgehende Welle auf sie trifft. Doch mir ist klar, das kann ich selbst nicht lösen und überprüfen ...
„Konzentriere dich aufs Wesentliche“, das Nichts hält offensichtlich nichts von meinen Gedankenflügen, wahrscheinlich sind sie auch nicht zutreffend.
Was habe ich noch nicht betrachtet im Sonnensystem? Jupiter! Er liegt nicht besonders genau im 1. Minimum der 9.77er-Welle. Aber es fällt auf, dass seine Periapside um weniger als 1 % vom 3-fachen Wert der Marsapoapside abweicht. Sollte es da einen Zusammenhang geben? Die Wellen, die als Lösung aus meiner Gleichung hervorgehen, haben eine Besonderheit: an jedem mathematischen Maximum (oder Minimum) kann das Maximum (oder Minimum) einer Welle mit veränderter Wellenlänge angesetzt werden, ohne dass die sich ergebende Gesamtwelle dabei unstetig würde. Auch

die Anstiege sind dort gleich und wellenlängenunabhängig, erst die Krümmungen stimmen nicht mehr überein. Deshalb wäre es möglich, dass Jupiters Nahpunkt auf dem 3. Maximum einer Welle der Länge 10/6, also fünf AE läge und Saturns Fernpunkt auf dem 2. Maximum der Jupiterwelle und so die Wellen von 1/6 AE ab 10. Maximum in 10/6 AE und dann ab deren 3. Maximum in 30/6 AE und ab deren 2. Maximum wiederum in 60/6 AE übergehen und so eine einheitliche Grundfunktion mit „springender" Wellenlänge konstruiert werden könnte, die recht glatt ist. Aber das ist Spekulation, muss ich zugeben.
Jupiters Exzentrizität folgt offensichtlich dem Verhältnis 3/62 = 0.048387 (0.0484), mit einer Abweichung von weniger als 0.03 %. Damit hat Jupiter eine Eigenwelle von 0.1707 AE, was von 1/6 AE nur um 2.4 % abweicht. Wird auch er von der Welle der inneren Planeten beeinflusst?
Es bleibt für mich noch zu untersuchen, wie es mit dem Asteroidengürtel aussieht. Aus Wikipedia [5)] entnehme ich eine Dichteverteilung ihrer mittleren Bahnradien des Hauptgürtels.

Ein deutliches Bild mit drei scharfen Minima liegt vor mir, dazwischen Maxima mit mehr oder weniger Einschnürungen, im Grunde eine klare Struktur. Zur Vereinfachung der Analyse, lege ich etwa bei mittlerer Höhe der Ordinate, die in Asteroidenanzahl pro 0.005 AE angegeben ist, eine Trennlinie und habe so außer den Minima auch noch eine schwächer und eine stärker besetzte Zone.
In meiner Computergrafik ist mit ein wenig gutem Willen der Zusammenhang zur Welle von 1/6 AE zu erkennen, sogar scheint es, die Asteroidenbahnen sind durch das Ereignis des Urmondeinfanges im Wesentlichen kaum gestört, was meiner Vorstellung vom Verhalten von Papierschiffchen auf einer Welle entgegenkommt, da die Asteroiden klein im Verhältnis zu den inneren Planeten sind und somit das Abbild der ursprünglichen Welle von 1/6 AE Wellenlänge in ihren Bahnen noch deutlich erhalten ist. Ausgeschlossen ist jedoch nicht, dass durch den Stoß der Störungswelle größere Körper in kleinere zerfallen sind oder ein wenig verschoben. Bei Ceres scheint es so. Ihre Apsidendifferenz (2.976 - 2.558 AE) durch 1/6 AE geteilt ergibt 2.508, weicht also nur um 0.3% von 2.5 ab. Die Periapside liegt bei 2.558 AE und ist damit 0.058 AE vermutlich nach außen verschoben bezogen auf eine Welle der Wellenlänge 1/6 AE, was ich bei einem größeren

Asteroiden durch den Mondeinfang für möglich halte. Genauere Untersuchungen wären nur möglich, würde man die Apsidenwerte aller Asteroiden zurate ziehen, anstatt nur die Verteilung. Mir sind leider die Werte nicht zugänglich.

Jetzt ist das Wesentliche im Sonnensystem betrachtet und das Resultat beeindruckt mich sehr. Hatte ich bei der Anwendung meiner Lösungen auf das Sonnensystem wenigstens auf eine prinzipielle Übereinstimmung gehofft und mir gewünscht, es möge keinen klaren Widerspruch geben, so sehe ich nun, dass sogar mögliche Antworten auf bisher Unverstandenes darin stecken, dass kein einziger Widerspruch auftritt, ja, der Lösungsansatz findet sich wunderbar bestätigt und damit auch meine Gleichung. Meine Seele singt.
„Deine Euphorie in Ehren, aber ein Beweis für die Richtigkeit deiner Gleichung ist das noch lange nicht“, stänkert das Nichts.
„War ja klar, dass du, dem Begeisterung fremd zu sein scheint, was zu mäkeln hast“, gebe ich pikiert zurück, besinne mich dann aber, denn in Erinnerung an meinen Theorieprofessor muss ich dem ja zustimmen und fahre fort, „natürlich weiß ich, dass wissenschaftliche Theorien nicht zu beweisen sind, weil sie einen allgemein gültigen Anspruch haben und somit nur wiederholt verifiziert werden können in der Suche, ob sie widerlegt werden können, denn ihr großer Vorteil ist es, dass sie widerlegbar sind und wenn es dich beruhigt, so habe ich die These, Lösungen meiner Gleichung bestimmen Wesentliches bei Entstehung und Ablauf des Sonnensystems, nicht widerlegen können und nehme daher weiterhin an, ob es dir nun gefällt oder nicht, sie ist gültig.“
„Das wollte ich hören“, scheinbar nickte es, „nehmen wir das also beide an und du solltest noch einen weiteren Versuch der Verifizierung unternehmen.“
Jetzt bin ich verblüfft. Noch einen weiteren Versuch, ja, womit denn? Halt! Na, klar, die Planeten im Sonnensystem haben Monde und sollten die Mondsysteme nicht ähnliche Eigenschaften wie das Sonnensystem selbst haben? Muss nicht auch hier das Wirken meiner Gleichung zu erkennen sein? Wenn die Gleichung allgemein gültig sein soll, dann darf ich auch bei den Bahndaten der Planetenmonde keinen Widerspruch finden und vielleicht auch dort auf interessante Zusammenhänge hoffen können. In Wikipedia [6)] finde ich auch die Daten zu allen Planetenmonden, die dort

aufgelistet sind. Hier handelt es sich um ganz andere Zahlen und Mengen, bei Jupiter entnehme ich Daten der 51 größten Monde, bei Saturn 34, Uranus 27, Neptun 13 und selbst Pluto liefert fünf. Die Entfernungen unterscheiden sich von den Planetenentfernungen um Zehnerpotenzen. Welchen Maßstab soll ich verwenden? Ich entscheide mich, bei der Astronomischen Einheit zu bleiben, auch wenn ich dann viele Dezimalstellen in Kauf nehmen muss.
Bei Betrachtung der Daten stelle ich fest, die Mondbahnen haben ein deutlich anderes Verhalten als die Planetenbahnen. Ein Großteil der Monde läuft retrograd, also rückwärtig um ihren Planeten, ein weiterer, beachtlicher Teil hat Bahnneigungen oberhalb 28 Grad und immerhin fast 60 Monde laufen sehr genau in der Bahnebene und, was ich erstaunlich finde, 50 aller von mir betrachteten Monde haben Bahnexzentrizitäten nahe der Null, laufen also kreisförmig um ihren Planeten, zum Teil mehrere auf der gleichen Bahn.
Das Programm, mit dem ich die Planeten des Sonnensystems untersuchte, scheint mir ungeeignet. Ein neues muss her. Nach einigem Probieren, nachdem ich hin und her überlegt habe, muss es ein Algorithmus sein, der selbständig nach brauchbaren Wellenlängen fahndet, denn dass hier so einfache Verhältnisse wie 1/6 AE als Wellenlänge zu finden sind, kann ich nicht erwarten.
„Hast du überhaupt mal nachgedacht, wieso solche schön einfachen Zahlen 1/6, 1/60, 1/30 im Sonnensystem eine Rolle spielen?“, fährt das Nichts in meine Gedanken. Mir scheint, es hat eine Vorliebe, meine Gedankengänge zu unterbrechen.
„Nein, das habe ich nicht ernsthaft, aber verwundert hat es mich schon“, gebe ich zur Antwort.
„Du solltest darüber nachdenken.“
„Gut, aber du weißt, ich bin ein langsamer Denker und kein Freund von Erwartungsdruck.“
„Niemand hat soviel Geduld mit dir und so viel Zeit, auf eine brauchbare Überlegung zu warten wie ich“, damit bin ich also aufgefordert, diese Frage zu durchdenken.
„Ich wünschte, du wärest mein Professor gewesen“, antworte ich noch.
Es ist wahr, die Wellenlänge 1/6 AE gibt zu denken und es dauert einige Zeit, bis ich eine Erklärung habe. Der Grund ist die Benutzung der Astronomischen Einheit, denn offensichtlich liegt die Erde auf dem 6. Maximum der für die inneren Planeten bei ihrer Entstehung wirkenden Wahrscheinlichkeitswelle und wenn diese

Entfernung den Wert eins ergeben soll, ist der Abstand und damit die Wellenlänge von einem Maximum zum nächsten Maximum genau 1/6 AE. Läge die Erde zum Beispiel auf dem 4. Maximum der bestimmenden Welle, dann wäre 1/4 herausgekommen. Für die äußeren Planeten, die einer anderen Welle folgen, gibt es keine glatten Zahlen mit der Astronomischen Einheit, hier müsste auf einen dieser Planeten geeicht werden.
„Gut. So ist es“, stimmt das Nichts zu, um gleich mit der nächsten Frage fortzufahren, „Und was sagt dir die Exzentrizität der Erdbahn, die ziemlich genau 1/60 ist?“
Gute Frage, denke ich. Die Exzentrizität hätte nur dann etwas mit einer Wellenlänge zu tun, wenn Nah- oder Fernpunkt der Bahn auf verschiedenen Wellen lägen, sonst ist der Wert wellenlängenunabhängig. Ich kann es mir nur so erklären, dass beim Einfangen des Mondes die Massenverhältnisse und Ursprungsexzentrizitäten diesen Wert zufällig ergaben. Egal in welchem Maßsystem man diesen Sachverhalt untersucht, stets zeigt sich, der mittlere Abstand von der Sonne ist fast genau 60 Mal größer als die Differenz zwischen Fernpunkt oder Nahpunkt der Erdbahn und ihrem mittleren Abstand. Und ich ahne, worauf das Nichts mit dieser Frage hinaus will. Im Altertum spielte ein Zahlensystem, vom Lateinischen abgeleitet als Sexagesimalsystem bezeichnet, eine bedeutende Rolle, es beruht auf der Zahl 60 und hat sich bis heute in Zeitmaßen und Winkeleinteilungen und anderem erhalten. Sollten unsere Altvorderen, die, soviel weiß man, sehr genaue Beobachtungen des Himmels gemacht und diesen Sachverhalt erkannt haben?
Schön wäre es, das Nichts sagte jetzt einfach „ja“ oder „nein“, aber ich weiß, genau das wird es nicht tun, es will mich nur auf diesen Gedanken bringen. Und in der Tat, dass da ein Zusammenhang zwischen Erkenntnis und Anwendung im Altertum sein könnte, beschäftigt mich schon, aber diese Frage will ich nicht klären, es ist, wenn überhaupt, eher eine Aufgabe der Archäologie, denke ich.
Ich kehre in meinen Überlegungen zu den Monden zurück.
Hier könnte man vielleicht auch auf glatte Zahlenverhältnisse hoffen, wenn man wüsste auf welchen Mond geeicht werden soll, aber dann wären die Werte der verschiedenen Mondsysteme kaum miteinander vergleichbar, möglich, dass ein Prinzip erkennbar wäre, aber probieren, welcher Mond geeignet ist, will ich nicht. Also bleibe ich bei der Astronomischen Einheit.

Das Programmieren zieht sich hin. Immerhin fallen mir ein paar Merkwürdigkeiten an den Daten sofort auf. Der Neptunmond Nereid zum Beispiel hat eine Exzentrizität von 0.7512, das ist ziemlich genau 3/4 und mit Abstand der größte Wert, der in meinen Monddaten auftritt, die Jupitermonde Sinope, 0.2500, und Carme, 0.2530, liegen recht gut auf dem Wert 1/4. Aber bei anderen Monden der fünf zunächst betrachteten Planeten ist das nicht so offensichtlich.
Auffällig sind auch gewisse Bündelungen ihrer Eigenschaften, so lassen sich bei Jupiter und Saturn die Mondmassen recht gut in drei Gruppen einteilen. Folglich schaffe ich im Programm Gruppierungsmöglichkeiten nach Bahnneigungswinkel, Masse, nach kreisförmigen und elliptischen, zentrumsnahen und fernen Bahnen, nach jedem einzelnen Planeten selbstverständlich und lasse auch Zusammenfassungen zu. Da ich einheitlicher Betrachtung wegen entschlossen bin, mit der Astronomischen Einheit zu arbeiten und damit Wellenlängen kaum noch als Verhältniswerte ganzer oder halber Zahlen auftreten werden, lasse ich meinen Computer arbeiten und variiere alle überhaupt infrage kommenden Wellenlängen, mit der Erwartung, diejenigen der Reihe nach herauszufiltern, die die meisten Mondbahnapsiden und auch mittlere Abstände möglichst genau beschreiben. Auch die Wiedergabe der Exzentrizitätswerte spielt dabei eine Rolle. Die Wahrscheinlichkeit der einzelnen Werteübereinstimmung soll größer als 96 % sein, eine willkürliche Festlegung, denn ich kann nicht erwarten, dass die Werte genau auf den mathematischen Maxima oder Minima liegen, schließlich werden Bahnstörungen eine Rolle spielen. Ferner erhebe ich die Forderung, beide Apsiden eines Mondes sollen auf der gleichen Welle liegen, eine Festlegung, die nur dann problematisch wäre, wenn solch ein Fall selten oder gar nicht aufträte.
Gespannt blicke ich auf die Ergebnisse. Tatsächlich lassen sich alle Monde beschreiben, sehr oft gleich vier, fünf durch ein und dieselbe Welle.
Zur Kontrolle betrachte ich auch die Planeten der Sonne mit diesem Programm und auf Anhieb erscheint für die äußeren Planeten der Wert von 19.544 AE als Wellenlänge, also genau das Doppelte des früher gefundenen Wertes, was nicht verwundert, da ich im neuen Programm Maxima und Minima gleichzeitig heranziehe und die Variation bei großen Werten beginnt.

Bei den inneren Planeten erhalte ich die Wellenlängen 0.145 und 0.01666 AE wenn ich Jupiter dabei nicht mit einbeziehe; beziehe ich ihn in die Analyse ein, die Werte 0.0677, 0.11097 und 0.3202. Welche Wellenlängen mein Algorithmus ermittelt, hängt also davon ab, welche Monde (Planeten) ich in einem Analyselauf gemeinsam zur Wahl stelle. Offensichtlich eine Folge, die meiner Schranke von 96 % geschuldet ist. Diesen Mangel sehe ich nicht als dramatisch an, denn in irgendeiner Art und Weise hängen beide Male die Werte mit der ungestörten Ursprungswellenlänge von 1/6 AE zusammen, wie man unschwer erkennen kann. Somit ermittelt mein Algorithmus zwar nicht unbedingt die echten Wellenlängen, aber typische, mit ihnen zusammenhängende, die für Vergleiche der Monde verschiedener Planeten verwendet werden können, denn mich interessiert, ob eine prinzipielle, die Wellenlänge bestimmende Größe zu finden sein wird, wozu ich mit gewichteten Mittelwerten von Wellenlängen arbeiten will.
Dann stoße ich auf eine Zeitungsmeldung [7)], dass beim ca. 40 Lichtjahre entfernten Stern Trappist-1a sieben Planeten nachgewiesen wurden, die etwa erdgroß sind.
Bevor ich mich mittleren Wellenlängen weiter widme, scheint mir das wichtiger.
Inzwischen ist die Programmnachrüstung schon Routine und schneller als erwartet kann ich analog zu vorherigen Analysen die Planeten des Sterns Trappist-1a unter die Lupe nehmen.
Auch diese Planeten folgen dem Wellenschema und ich wende mich wieder den mittleren Wellenlängen zu.
Nachdem ich für alle Monde Wellenlängen ermittelt habe und diese den Monden zuordne und sie dann mittle, erhalte ich Werte, die ganz offensichtlich auf etwas hindeuten:
Je größer der Zentralkörper, umso größer ist auch die Wellenlänge.

Zentralkörper	**Mittlere gewichtete Wellenlänge in AE**
Sonne	7.903287
Jupiter	0.052528
Saturn	0.015967
Uranus	0.002843
Neptun	0.003415
Pluto	0.000094
Trappist-1a	*0.00359*

„Hör auf mit den Zahlenspielen und geh endlich systematisch vor“, das Nichts ist offensichtlich doch nicht so geduldig wie es immer tut, aber im Prinzip hat es recht und ich konzentriere mich auf die ermittelten Werte.
Diese muss ich näher untersuchen und die Werte in einem Diagramm auftragen und die Regressionsfunktion, also im linearen Fall die Gerade, die am besten zu den Werten passt, falls sinnvoll, ermitteln.
Den Massen der Zentralkörper will ich die mittleren Wellenlängen zuordnen, doch das ist nicht vernünftig darstellbar, denn die Massen unterscheiden sich um etwa acht Zehnerpotenzen und die Wellenlängen um sechs. Hier hilft nur, die Logarithmen der Werte zu nehmen und da der Logarithmus negativ ist bei Zahlen kleiner als Eins und mir positive Zahlen leichter zu interpretieren scheinen, bleibt nur übrig, die Wellenlängen mit einer großen Zahl zu multiplizieren. Ich entscheide mich, mit dem Wert der Astronomischen Einheit zu multiplizieren, dann sind die Wellenlängen eben in Kilometern angegeben, was praktisch eine unsinnige Genauigkeit vorgaukelt, und mir nur deshalb vertretbar scheint, da auch die Massen in Kilogramm angegeben sind, was gleichfalls große Genauigkeit vortäuscht.
Die mittlere Wellenlänge beim Pluto liegt dabei etwa bei 600 km.
Die Programmsprache, in der ich die Programme schreibe, verwendet automatisch den natürlichen Logarithmus, die Umkehrung der Exponentialfunktion, und so liegen die logarithmischen Werte der Zentralkörpermassen zwischen 69.8 und 50.9 und die logarithmischen Wellenlängen zwischen 20.9 und 6.4. Im logarithmischen Maßstab für beide Achsen kann ich also auf eine ordentliche Darstellung hoffen. Aber werden die Werte überhaupt einen brauchbaren Zusammenhang anzeigen?
Endlich ist mein Programm so weit gediehen, dass ich ein erstes Bild auf meinem Bildschirm habe und ich traue meinen Augen kaum. Das hatte ich nicht erwartet. Die Punkte liegen sehr genau auf einer Geraden und das hieße, es besteht ein Zusammenhang zwischen der mittleren Wellenlänge und der Zentralmasse, nur Pluto tanzt etwas aus der Reihe. Ich schaue mir Pluto noch einmal genauer an. Beim Analysieren ermittelt mein Programm eine Welle von 0.00000465 AE Wellenlänge, die alle Werte von vier Monden außer Charon mit einer Wahrscheinlichkeit von im Mittel 99.25 % trifft, die schlechteste Wahrscheinlichkeit hat dabei die Apoapside vom

Mond Hydra mit 97.71 %, nur Mond Charon wird als nicht dazugehörig ausgegeben. Er verletzt auch das dritte Keplersche Gesetz und hat die gleiche Umlaufzeit wie Pluto, der ca. 8-mal schwerer ist als Charon und deshalb selbst um einen gemeinsamen Schwerpunkt kreist, das sogenannte Baryzentrum. Also betrachte ich Pluto und Charon als eine gemeinsame Zentralmasse, denn für die vier übrigen Monde wird es genau so wirken bis auf einen offensichtlich geringen Störeinfluss.
Und was sagt jetzt mein Diagramm? Jetzt liegt auch Pluto fast exakt auf der Geraden, die bei kleinster Unsicherheit durch die Wertepunkte der anderen Zentralmassen gezogen werden kann. Die Unsicherheit beträgt nur 0.25 %.
Allerdings passt die mittlere Wellenlänge von Trappist-1a überhaupt nicht zum Wellenlängen-Masse-Zusammenhang. Da Trappist-1a ein im Vergleich zur Sonne kühler Stern ist, dürfte er die ihn umgebende Materie nur gering verdrängt haben, sodass sich sehr nahe massereiche Planeten bilden konnten. Es fehlen leider in der Beobachtung möglicherweise alle etwas ferner umlaufenden Planeten, was, wie ich denke, der Beobachtungsmethode, die auf der Abschattung oder Pendelbewegung beruht, geschuldet sein könnte, womit ich mir die Abweichung zur Wellenlängen-Masse-Beziehung erkläre, allerdings kann auch ein weiterer noch unbekannter Einfluss, der zum jeweiligen System eines Sterns dazugehört, Ursache dafür sein, zum Beispiel die Eigenrotation des ganzen Systems. Die gegenwärtigen Daten geben darüber keine Auskunft.
„Spekuliere nicht. Diesen Nachweis musst du anderen überlassen, die auf zukünftig genauere Daten zurückgreifen können." Das Nichts hat recht.
„Vermutungen und Gedanken äußern darf ich aber", habe ich das letzte Wort. Das Nichts antwortet darauf nicht.
Im Grunde bin ich von den Ergebnissen erst einmal angenehm überrascht und freue mich.
„Ich spüre Euphorie", orakelt das Nichts, „aber dein Ergebnis beeindruckt."

Ja, und ich lege noch etwas drauf von dem ich eigentlich nicht erwarte, dass es funktioniert. Schließlich hat der Mars zwei Monde, wenn man bei ihrer geringen Größe überhaupt von Monden sprechen kann, und auch unsere Erde hat einen Mond, den, wie ich

denke, eingefangenen 3. Urplaneten, und der hat ein sehr beachtliches Ausmaß.
Die Marsmonde habe ich leicht im Programm ‚nachgerüstet' und sie liegen tatsächlich beide sehr genau (99 %) auf einer Welle mit der Länge 0.000063 AE und beim Erdmond, dessen Wellenlänge sich aufgrund seiner nicht allzu kleinen Exzentrizität (0.0549) ermitteln lässt, ergibt dies 0.000286 AE.
Wo werden die Punkte in meinem Masse-Wellenlängendiagramm liegen? Kann ich erwarten, dass auch sie hineinpassen?
Vorsichtig und sehr gespannt drücke ich auf die Starttaste des Programms und – auch diese beiden Punkte liegen fast exakt auf der ermittelten Geraden. Nun habe ich keinen Zweifel mehr, es existiert mit sehr, sehr hoher Wahrscheinlichkeit ein linearer Zusammenhang im doppelt logarithmischen Koordinatensystem zwischen der Masse des Zentralkörpers und der mittleren nach Belegungszahl gewichteten Wellenlänge seiner umkreisenden Satelliten, der zumindest im Sonnensystem eindeutig ist.

Es ist wunderbar, denn jetzt kann ich davon ausgehen, mit meiner Gleichung lassen sich Dinge im Makrokosmos ermitteln, die vorher unbekannt waren.
„Aber du weißt schon, ein Beweis für die Richtigkeit deiner Gleichung ist das nicht", natürlich, was sonst sollte ich vom Nichts erwarten? Aber ich muss ihm recht geben.
„Ja, ich weiß, schon mein Theorieprofessor hat es gesagt, naturwissenschaftliche Theorien sind nicht beweisbar, aber das haben wir doch schon diskutiert. Also sieh meine Versuche der Planeten- und Monddatenanalysen als Widerlegungsversuch an und ich kann nicht erkennen, dass mir eine Widerlegung gelungen sei. Deshalb fühle ich mich im Glauben an die Richtigkeit meiner Gleichung bestätigt, oder siehst du das nicht so?"

„Ich bin auch von deiner Gleichung überzeugt. Es geht mir ums Prinzip und das darfst du niemals aus den Augen verlieren", aha, das Nichts ist also so etwas wie das ‚Auge der Naturgesetze'.
„Sag mal, wieso bist du überhaupt zu mir gekommen, oder erschienen, oder weiß ich wie ich es nennen soll?", fällt mir spontan diese etwas provokante Frage ein und sogleich erschrecke ich, hoffentlich war es nicht die verbotene.
Es vergeht eine Zeit und ich werde unruhig, wo bleibt die Antwort?

„Deiner Gleichung wegen bin ich zu dir gekommen“, das Nichts hat sich offensichtlich einen Spaß gemacht und mich auf die Folter gespannt, indem es sich so viel Zeit ließ mit seiner Antwort.
„Aha“, weiter fällt mir nichts ein, diese Antwort hatte ich nicht erwartet.
„Du wirst es noch begreifen und deine Mond- und Planetenspielchen sind dabei nicht einmal das Entscheidende.“
„So, was denn?“, wollte ich fragen, aber rechtzeitig fällt mir ein, das Nichts redet nur über das, was es selbst will und entweder es fährt fort und erklärt oder nicht, in jedem Fall kann ich die Rückfrage bleiben lassen.
„Im Übrigen solltest du die Überlegungen zu diesem Komplex keinesfalls als abgeschlossen betrachten“, fährt es fort, „was ist mit den Ringsystemen?“

In der Tat. An die bedeutenden Ringe des Saturns hatte ich bisher nicht gedacht. Schnell wird mir klar, was in Ringsystemen umläuft, muss Exzentrizitäten von sehr nahe dem Wert Null haben, also kreisförmige Bahnen dominieren ein Ringsystem. Auf Informationen zu den unzähligen Kleinkörpern kann ich nicht hoffen. Es sind mir nur die Daten der Ringeinteilungen bekannt und die sind auf umlaufende Monde, die kleinere Körper weggefangen haben und somit für die Ringlücken verantwortlich sind, zurückzuführen. Diese Monde habe ich aber schon analysiert. Das einzige, worüber ich nachdenken kann, ist die Begrenzung des Ringsystems selbst. Hier muss ich die Lage von Ringsystemen verschiedener Planeten miteinander vergleichen und vielleicht hilft mir die gefundene Wellenlängen-Masse-Beziehung dabei. Vielleicht!
Wieder ist Wikipedia[8)] meine Informationsquelle und mir erscheinen die Entfernungsangaben, wo die Ringe innen beginnen für den Vergleich am besten geeignet. Beim Neptun, der 6 getrennte Ringe zeigt, will ich diese separat, aber auch mit den Monden des Neptuns gemeinsam anschauen. Also Programm erweitern. Die Untersuchung, ob es einen Zusammenhang zwischen Anfangsentfernungen der Ringsysteme und den dazugehörigen Zentralmassen gibt, mache ich im gleichen Programmteil, wo ich den Zusammenhang zwischen mittleren Wellenlängen und Zentralmassen untersucht habe. Wieder die neugierige Spannung, bis das Bild erscheint – und – wieder das Erstaunen, weil es offensichtlich auch hier einen Zusammenhang gibt. Auch die Ringanfänge der vier äußeren

Planeten liegen auf einer Geraden. Diese aber hat einen anderen Anstieg als der Wellenzusammenhang und schneidet jenen genau beim Mars und dort scheint dessen innerer Mond dazuzugehören. Sind die zwei außerordentlich kleinen Monde des Mars Überbleibsel eines nicht zur Ausbildung gekommenen Ringsystems, weil die Sonne die restliche Ringmaterie weggeblasen hat?
„Sie sind“, bezieht das Nichts dieses Mal Position, ich aber bin dennoch nicht sicher.
„Was macht dich so gewiss?“, frage ich.
„Gewissheit gibt es da nicht. Aber es spricht alles dafür. Kleine Körper, Bahnneigung nahe der Null Grad und fast kreisförmiger Umlauf.
Und nun liegt der innere auch noch nahe dem Wert, den du selbst für einen Ringanfang beim Mars nach der Regressionsgeraden angibst.“

Die Anstiege der beiden Zusammenhänge unterscheiden sich signifikant, was bedeutet, sie sind voneinander unabhängig, enthalten also eigenständige Aussagen. Irgendwie kommt mir der Anstiegswert der Wellenlängenbeziehung bekannt vor, dann habe ich es. Der Wert stimmt bis auf 0.5 % Abweichung mit dem 4. Teil der Kreiszahl, also der Ludophschen Zahl, die mit dem griechischen Buchstaben „π“ beschrieben wird, überein. Aber der Anstiegswert der Geraden, die den Zusammenhang zwischen den Ringanfängen und den Zentralmassen beschreibt, hat zu „π“ scheinbar keinen Zusammenhang, bis ich dahinterkommen, wenn ich sie von der anderen, also der nahe $\pi/4$ abziehe, dann kommt 0.5020 heraus, und ich nehme also an, die ermittelten mittleren Wellenlängen verhalten sich zu den Ringanfängen wie die Wurzel aus ihrer Zentralmasse.
„Und das sollte wohl aus deiner Gleichung auf irgendeine Art auch herauskommen“, drängt sich das Nichts in meine Gedanken. Dem kann ich nichts entgegensetzen.

Als ich dadurch angeregt noch einmal über alles gründlich nachdenke, wird mir klar, dass ich alle Lösungen mit einem Lösungsansatz für lineare, harmonische Wellen gefunden hatte. Wie können aber lineare Wellen, die keine Kräfte, also auch kein Kraftzentrum voraussetzen, Lösungen in einem Gravitationsfeld sein?
Ach und weh, der schöne einfache Lösungsansatz für meine Gleichung, mit dem ich all die bisherigen Ergebnisse gefunden

habe, wirft ein Problem auf, gilt für Wellen ohne Kraftzentrum und sollte eigentlich nicht zum Ziel führen. Die mathematisch saubere Lösung ist möglicherweise, denke ich nun, analog wie in der Quantentheorie über die tatsächliche Lösung der Gleichung zu gewinnen und das heißt, ich muss mich mit diesem Themenkreis intensiv auseinandersetzen. Wie geht es dort? Kann ich das Lösungsschema übernehmen? Vor allem aber – mit der Thematik habe ich mich seit Jahrzehnten nicht mehr beschäftigt und der Fluch, unzureichendem Studieneifer geschuldet, ließ mich so gut wie alles vergessen. Es gilt wohl auch im Alter, wer nicht richtig lernt, muss nachsitzen. Es hilft nichts. Im Geiste sehe ich das Nichts verständig strafend nicken und hole meine Bücher wie so oft hoffend, darin fündig zu werden.
Die quasistationären Lösungen der Schrödingergleichung scheinen mir den rechten Weg zu weisen [9)]. Dann sehe ich, dass der Impuls, der dort wie auch bei meiner Gleichung zum mathematischen Operator wird, anders behandelt werden muss, als in der Quantentheorie. Denn dort ist das Plancksche Wirkungsquantum als kleinster Drehimpulswert eine echte Konstante, bei mir aber ist der Drehimpuls in einem Zentralsystem vom Radius, von der Größe der Zentralmasse und der Exzentrizität abhängig. Das kompliziert die Sache. Was mir aber sofort in den Sinn kommt, ich werde in jedem Fall auf Differenzialgleichungen stoßen und dann wird sich zeigen, ob mein Wissen darüber nicht auch im Sumpf des Vergessens untergegangen ist.
Ehe ich darüber nachdenken kann, ist das Nichts wieder da, „erkläre einem wie mir, was eine Differenzialgleichung ist“, fordert es kategorisch.
Auch das noch!
„Hast du Zeit?“, versuche ich abzuschrecken.
„Hab ich.“
Es nützt nichts, „eine Gleichung, auch Funktion genannt, ordnet jedem Wert einer Größe im einfachen Fall genau einen Wert einer anderen Größe zu. Bei einer Differenzialgleichung müssen zu diesem Wert aber auch noch Anstiege, Krümmungen und eventuell Schlimmeres passen, ich hoffe, du verstehst, was ich meine, denn besser kann ich es nicht erklären, denk an den Tisch.“
Ich sehe förmlich wie das Nichts sein Gesicht verzieht und hake nach, „du kannst in einem Nachschlagewerk oder sonst wo nachlesen, ich muss es nämlich auch.“

Das hat gesessen, denke ich und tatsächlich kommt keine weitere Nachfrage. Doch leider hilft mir das selbst auch nicht weiter.
Ich vergrabe mich für ziemlich lange Zeit in die Welt der Mathematik und Quantenmechanik und mühsam erarbeite ich mir Vergessenes oder nie Gelerntes, geschweige denn Begriffenes. „Kein Preis, ohne Fleiß" lehrt ein altes Sprichwort. Und tatsächlich, das Erringen jeder Erkenntnis, das Begreifen, warum eine mathematische Lösung so und nicht anders aussehen muss, bereitet mir Freude, ist der Preis für meine späten Mühen. Ich begreife, warum ein Produktansatz eine partielle Differenzialgleichung löst, ich verstehe, wie man die normierten Eigenwertlösungen der Schrödingergleichung gewinnt und setze all das Neu- zum Teil Wiedererlernte in meine Programme ein, um zu sehen, ob ich der Lösung der vom Nichts gestellten Aufgabe näher komme. Es vergehen Monate!
Dann ist klar, auch dieser Erklärungsversuch taugt nicht. Wieso aber beschreiben harmonische Wellen das himmlische Geschehen, und zwar so, als gäbe es kein Kraftzentrum? So, als wären die Wellen in radialer Richtung linear?
Es muss einen Ansatz geben.
„Hast du es schon einmal mit der Umkehrung deiner Überlegung versucht?", das Nichts hat mir in diesem Augenblick gerade noch gefehlt.
„Was heißt Umkehrung?"
„Nun, du versuchtest bisher aus der einen Gleichung die Lösung zu finden, frage doch einmal, unter welchen Lösungsbedingungen die Gleichungen, und zwar Plural, überhaupt zu erfüllen sind."
„Versteh' ich nicht."
„Nimm den Lösungsansatz für lineare Wellen und wende die Gleichungen darauf an, mehr helfe ich dir aber nun wirklich nicht", das Nichts hält mich für begriffsstutzig, Erinnerungen an gewisse Prüfungen kommen auf, aber ich begreife.
„Gleichungen, und zwar Plural" hat es gesagt. Natürlich habe ich Gleichungen, zum einen die Gleichung, die bis auf das Wirkungsquantum der Schrödingergleichung entspricht, und zum anderen die Impuls-Operator-Gleichung, ja, auch das ist eine Gleichung, der die Lösung genügen muss.
Die Zeitableitung einer linearen Wellenlösung ergibt meine „Schrödinger"-Gleichung. Das war ja meine ursprüngliche Ausgangsüberlegung. Den Gradienten auf die lineare Wellenlösung anzuwenden, muss dazu führen, den Impuls zum Operator zu machen, so wie er

aus der Quantenphysik bekannt ist, wieder nur mit dem Unterschied, dass statt des Wirkungsquantums der normale Drehimpulsbetrag auftritt. Wie ich den Gradienten der linearen Welle bilde, um dahin zu gelangen, muss ich mir allerdings erst wieder erarbeiten, das ewige Vergessen!
Aber die Mühe lohnt sich. Ich erhalte Bedingungen, unter denen linearer Lösungsansatz und die zwei Gleichungen in Einklang stehen.
Auf den ersten Blick erscheinen sie mir sehr einschränkend, sie lauten nämlich, es gibt nur Lösungen im Raum, die beliebig orientiert sind, aber immer nur zwei Punkte betreffen, die diametral zum Zentrum auf einer Geraden liegen. Diese zwei Punkte liegen im Raum auf Kugelschalen und in der Untersuchung genügt eine eindimensionale Betrachtung. Zunächst war ich etwas irritiert, dann aber war es klar. Diese zwei Punkte stellen die Apsiden einer Ellipse dar und bestimmen damit die Form der Ellipse vollständig. Für Kreise sind die beiden Punkte vom Zentrum gleich weit entfernt.
Die Lösungen sind also Wahrscheinlichkeitsfunktionen, speziell Kosinus- und Sinusquadratfunktionen genau wie in der Quantenphysik, mit speziellen Wellenlängen, die periodisch in radialer Richtung Extremwerte aufweisen, an denen sich offensichtlich Materie, wenn sie denn überhaupt vorhanden ist, bevorzugt aufhält bzw. zusammenfindet. Man kann demnach Zusammenballungen erwarten, die kreisförmig um das Zentrum laufen oder zwischen den Extremwerten elliptisch pendeln, also auf geschlossenen Kegelschnittbahnen verlaufen.
Geschlossene Kegelschnitte beschreiben aber, das weiß man schon aus der Newtonschen Mechanik, ungestörte Bahnen von Himmelskörpern.
Nun habe ich den Grund gefunden, weshalb mein vereinfachter, eigentlich sogar unzulässiger erster Ansatz zum Erfolg geführt hat.
Die Antwort, warum es einen eindeutigen Zusammenhang zwischen der Wellenlänge dieser Wahrscheinlichkeitslösungen und der Masse im Zentrum gibt und warum dieser möglicherweise mit der Kreiszahl zusammenhängt, allerdings nicht.
Auch der offensichtliche Zusammenhang der Anfänge eines Ringsystems mit der Zentralmasse bleibt unklar.
Lediglich das Verhältnis von mittleren Wellenlängen zum jeweiligen Ringsystemanfang gibt einen Hinweis, denn zu einer (undefinierten, vielleicht mittleren) Wellenlänge gehört ein (undefinierter,

vielleicht spezieller) Radius, der mit der doppelten Kreiszahl „Pi“ zu multiplizieren ist. Die doppelte Kreiszahl aber ist nach dem dritten Keplerschen Gesetz proportional zur Wurzel aus der Zentralmasse, unklar ist, welche Rolle dabei Umlaufzeit und mittlerer Abstand spielen. Bei den Untersuchungen der Wellenlängen und Ringanfänge zur Zentralmasse war ich auf etwa den gleichen Zusammenhang gestoßen.
Die Fragen nach dem Einfluss der Zentralmasse auf Wellenlängen und spezielle (vielleicht dazu komplementäre) Radien erschließen sich bisher nicht, doch ohne solche Untersuchungen, wie ich sie nur durch die trivial angenommene Wellenlösung machen konnte, wäre ich auch nie auf diese Zusammenhänge gestoßen.
Immerhin darf ich die Zusammenhänge als empirisch gefunden gelten lassen und wegen der Nähe zur Kreiszahl auch auf Allgemeingültigkeit hoffen.
Etwas außerordentlich Wichtiges aber ist mir klar geworden. Wenn die Gültigkeit meiner Gleichung anzunehmen ist, ich selbst gehe nach all den bisherigen Erfahrungen und nachdem ich auch die theoretische, besser sollte ich sagen mathematische, Bestätigung gefunden habe, davon aus, dann haben alle nennenswerten Himmelskörper, sofern genügend Materie in ihrer Umgebung vorhanden war, ein Satellitensystem, das ein und derselben Systematik folgt.
Das heißt, **alle** Himmelskörper, ab einer bestimmten Größe und möglichster Störungsfreiheit besitzen Satelliten und Ringsysteme, sofern Materie in ihrer Umgebung während der Entstehung vorhanden ist. Sterne haben Planeten, Planeten haben Monde und auch Monde können umlaufende selbst entstandene Objekte haben. Ringsysteme entstehen nur, wenn leichte Materie ungestört umlaufen kann. Und noch etwas ist mir klar geworden, es wird auch immer einige Fälle geben, wo Objekte auf exzentrischen Bahnen andere Bahnen kreuzen und wenn diese nahezu kreisförmig sind und gleiche mittlere Entfernungen haben, gibt es früher oder später recht „freundschaftliche“ Begegnungen mit Einfängen des kleineren Objekts oder gar Zusammenstöße.
Die Suche der Menschheit nach Exoplaneten ist die Suche nach Heu im Heuhaufen, aber aus riesiger Entfernung!
Das scheint mir eine fundamental wichtige Aussage: Zentralkörper mit Satelliten sind der Normalfall und im Universum muss es viel mehr erdähnliche Planeten geben als man bisher annahm!

So etwas muss man erst einmal in Ruhe verdauen.
Das Nichts scheint meine Aussagen auch erst zu verdauen, denn tatsächlich vergehen einige Tage bis es sich wieder meldet und ich nutze die Zeit, noch einmal über die Ergebnisse nachzudenken.
Wie viele bedeutende Leute haben sich darüber den Kopf zerbrochen, darunter kein Geringerer als Johannes Kepler, der mit platonischen Körpern versuchte herauszufinden, warum die Planeten so merkwürdige Abstände von der Sonne haben und so großartig die Erfolge sind, die die Astronomie in den letzten Jahrzehnten gemacht hat, eine wirkliche Antwort gab es dazu bisher nicht. Allgemein am bekanntesten ist wohl die sogenannte Titius-Bode-Reihe, eine 1766 zunächst von Johann Daniel Tietz (1729-1796), der sich latinisiert Titius nannte, aufgestellte Zahlenfolge, die er aus Angaben von Vorgängern ableitete und die dann 6 Jahre später von Johann Elert Bode (1747-1826) veröffentlicht wurde. Johann Friedrich Wurm (1760 – 1833) schließlich vereinfachte sie 1787 durch das Einführen der Astronomischen Einheit und damit behielt sie ihre Form bis heute als Titius-Bodesche-Reihe. Dass sich tatsächlich so etwas wie eine Zahlenfolge finden lässt, deutete zumindest für mich darauf hin, ganz zufällig verlaufen, die Planetenbahnen wohl nicht.
Die erstaunliche Genauigkeit der Titius-Bode-Reihe und ihre Bedeutung für das Auffinden zum Beispiel des Asteroidengürtels können jedoch nicht über ihre Schwächen hinwegtäuschen. So spielt die Sonne als wichtigster Teil des Sonnensystems gar keine Rolle in der Folge. Durch die Einführung zweier Konstanten bleiben zwei Freiheitsgrade, vielleicht sogar drei weniger übrig. Der Merkur kann nur durch einen Extremwert in der Folge: $a_n = 0.4 + 0.3 \cdot 2^n$, nämlich $n \Rightarrow$ „Minus unendlich“, wiedergegeben werden und Neptun kommt in ihr überhaupt nicht vor. Der wohl größte Mangel aber, sie ist nur eine reine Zahlenfolge ohne jeden physikalischen Hintergrund.
Meine Lösungen haben all diese Mängel nicht und wenn auch nicht alle Fragen, die sich mir ergeben, damit gelöst sind, kann ich doch recht zufrieden sein. Der sich mit der Erweiterung der Schrödingergleichung ergebende physikalische Hintergrund ist zwar keineswegs leicht verständlich und anschaulich, aber Rätsel, wie sie die Wahrscheinlichkeitswellen aufwerfen, traten ja bereits in der Quantenphysik zutage und zumindest hat sich in der Interpretation nichts dem gegenüber verändert, ja, selbst die Heisenbergsche Unschärferelation steckt als Grenzfall des Drehimpulssatzes darin, wenn der Drehimpulswert im Kleinsten den Wert des Planckschen

Wirkungsquantums annimmt. Genau genommen erweist sich der Drehimpuls als Größe, die nur diskrete, ganz bestimmte um Wirkungsquanten differierende Werte annehmen kann und ist damit keine im mathematischen Sinne stetige Funktion. Da aber das Wirkungsquantum so unendlich klein gegenüber den interessierenden Drehimpulsen ist, nehmen wir Physiker das in Kauf und behandeln ihn unbeeindruckt als stetige Funktion, die Mathematiker mögen uns verzeihen.
„Ich bin zufrieden", endlich lobende Worte vom Nichts, „und ich bin es auch nicht", aha!
„Also entpuppst du dich als ablehnender Fürsprecher oder fürsprechender Ablehner", spotte ich, denn im Grunde bin ich erfreut, überhaupt in etwas das Nichts zufriedengestellt zu haben, wissend, dass es meine Befindlichkeiten ohnehin nicht zur Kenntnis nimmt.
Erwartungsgemäß und doch mit Neugier meinerseits fährt es fort „zufrieden bin ich, dass du mathematisch die Sache aufgeklärt hast und vor allem über deine letzten allgemeinen Schlussfolgerungen", Pause, lange Pause, dann „nicht zufrieden bin ich, dass du keine Erklärung für die Massenzusammenhänge gefunden hast und nicht entscheiden kannst, ob die Kreiszahl wirklich eine Rolle dabei spielt oder nicht."
Was soll ich darauf erwidern? Es entspricht genau meiner Meinung. Wie aber soll ich diese empirischen Massenzusammenhänge mathematisch belegen? Nach einem halben Jahr vergeblichen Bemühens bin ich nicht nur etwas rat- und ideenlos, sondern auch ein wenig müde.
„Mein Vorschlag", ich horche auf, „mein Vorschlag ist, diese Frage lässt du erst einmal ruhen."
„Aber sie beschäftigt mich ungeheuer."
„Hast du nicht über dreißig Jahre gewartet, bis du zu annehmbaren Ergebnissen gekommen bist, vertage das Problem einfach, aufgeschoben ist nicht aufgehoben."
„Soll ich wieder 30 Jahre warten, dann wirst du mich vergeblich auf diesem Planeten suchen", entgegne ich.
„Du bist ein schlechter Diskussionspartner, wirst gleich kantig, wenn etwas anders läuft als erwünscht. Es gibt schließlich wichtigere Dinge zu erörtern, als unbedingt die Frage der Massezusammenhänge."
Ich stutze, noch Wichtigeres?

Ein wenig lässt mich das Nichts warten und ich spekuliere, will es mich vielleicht auf den Kuipergürtel hetzen oder auf die Oortsche Wolke. Das Nichts scheint sich an meinen Überlegungen zu ergötzen, mir wäre wohler, ich könnte auch in die Gedanken des Nichts blicken. Ich muss mich in Geduld fassen.
Dann endlich, „ich will mit dir ein Gedankenexperiment machen."
Na gut, denke ich, warum nicht, die Gedankenwelt ist die des Theoretikers, ich wäre ganz gern einer geworden, wenn denn mein Professor mich nicht bei den Prüfungen eines Besseren belehrt hätte. Ich wurde Experimentalphysiker und so ist ein gedankliches Experiment durchaus passend.
„Schieß los", gebe ich meine Einwilligung, noch immer hoffend, irgendetwas mit meiner Gleichung wird es schon zu tun haben.

„Nimm Zettel und Schreibgerät, dann fällt es leichter. Also stell dir vor, ein Energiepaket, ein Teilchen oder wie ihr sagt, ein Quant, kreise auf einer kreisförmigen Bahn mit Lichtgeschwindigkeit."
„Moment Mal, soll da eine Masse mit Lichtgeschwindigkeit …", weiter komme ich nicht.
„Den Einwand habe ich natürlich erwartet. Ein Lichtteilchen hat Lichtgeschwindigkeit, aber keine Masse, eine Masse aber kann niemals Lichtgeschwindigkeit haben. Das ist prinzipiell richtig. Aber hat ein Lichtteilchen nicht Trägheit und übt es nicht auch Schwerewirkung aus? Ich meine natürlich diese Trägheitswirkung eines mit Lichtgeschwindigkeit rotierenden Teilchens, nicht, was man gemeinhin als Masse versteht. Wenn es dir schwer fällt, dem zu folgen, dann denke an ein Neutrino, dieses superkleine Teilchen, es hat eine Masse, die zwar extrem gering ist, und es bewegt sich quasi mit Lichtgeschwindigkeit. Das kannst du dir als Grenzfall vorstellen."
„Ja, gut, das geht", stimme ich zu.
„Besser für dieses Gedankenspiel wäre allerdings, du könntest dir so etwas wie ein Lichtteilchen vorstellen, das auf einer Kreisbahn um ein Kraftzentrum läuft.
„Das kann ich auch."
„Nun wollen wir uns über die Kraft Gedanken machen, die es auf dieser Bahn hält."
„Ein Schwarzes Loch könnte solch eine Kraft aufbringen", bin ich etwas voreilig.

„Ist nicht das, worauf ich hinaus will“, murrt das Nichts, „Ich meine eine elementare Kraft. Schreib erst einmal hin, wie die Fliehkraft des lichtschnellen Teilchens ist.“
Ich überlege, die Trägheitswirkung entspricht einer scheinbaren Masse, die zu seiner Energie gehört. Multipliziert mit dem Quadrat der Lichtgeschwindigkeit, geteilt durch den Umlaufradius ergibt das einen der Zentrifugal-, also Fliehkraft adäquaten Ausdruck.
„Damit kenne ich die Kraft, die du suchst, noch lange nicht“, ich habe keine Ahnung, worauf das Nichts hinaus will.
„Nicht so ungeduldig. Wir können die Kraft nicht direkt angeben, aber wir können ermitteln, in welchem Verhältnis sie zur bekannten elektrischen Anziehungskraft zwischen zwei gegenteilig geladenen Elementarladungen steht.“
Also schreibe ich die Coulombkraft, so wird sie in der Physik genannt, hin und einen unbekannten Faktor davor und setze diesen Ausdruck dem Zentrifugalausdruck gleich.
„Und nun?“
„Schau dir die linke Seite genau an.“
„Da steht Masse mal Quadrat der Lichtgeschwindigkeit, was nach der berühmten Einsteinschen Gleichung der Energie entspricht.“
„Und wie stellt man die Energie bei lichtschnellem Etwas dar?“
Das weiß ich natürlich, „willst du mich auf den Arm nehmen? Jetzt haben wir trotzdem noch zwei Unbekannte in der Gleichung, den Faktor und den Radius und was hilft es mir da, die Energie durch Wirkungsquantum mal Frequenz zu ersetzen?“
„Tu’ es einfach. Und nun entsinnst du dich, dass die Frequenz gleich der Lichtgeschwindigkeit geteilt durch die Wellenlänge ist.“
„Noch eine Unbekannte!“
„Nicht, wenn du jetzt annimmst, die Wellenlänge würde dem Kreisumfang der Umlaufbahn des Objektes entsprechen. Kommt dir das nicht bekannt vor? Bei der Suche nach der Lösung der Gleichungen hast du doch für den Impuls in der Darstellung der Wellenlänge genau das Gleiche getan, hast sogar noch Oberwellenlängen zugelassen?“
Tatsächlich, es hebt sich nun der Radius weg und aus dem Wirkungsquantum wird ein reduziertes und – übrig bleibt als einzig Unbekanntes der Faktor. Ich löse die Gleichung nach ihm auf und mir kommt der Ausdruck irgendwie bekannt vor.
„Ich lass dich jetzt in Ruhe darüber nachdenken“, sagt das Nichts und ich muss das tatsächlich in Ruhe tun, denn die Neugier hat mich

gepackt. Wo habe ich diesen Ausdruck schon einmal gesehen? Auf mein Gedächtnis für Zahlen und Formeln kann ich mich eigentlich ganz gut verlassen.
Dann habe ich eine Idee, muss aber nachschauen und staune. Der Faktor entspricht exakt dem Kehrwert der Feinstrukturkonstanten, die 1916 von Arnold Sommerfeld entdeckt wurde und seit dem in der Physik als Mysterium gilt. Dunkel entsinne ich mich, dass der berühmte Physiker Richard Feynman über sie in etwa gesagt habe, jeder gute theoretische Physiker solle sich die Formel dieser Konstanten, die selbst nur eine Zahl ist, an die Wand hängen und ständig darüber nachsinnen.
„Was also ist sie?", es war klar, dass nun wieder eine Frage vom Nichts kommt.
„So wie wir die Formel hergeleitet haben, sagt sie, wenn es eine elementare Kraft gibt, die etwas Lichtschnelles auf einer Bahn festhalten kann, dann ist diese Kraft so ziemlich genau 137-mal stärker als die Coulombkraft zwischen Elementarladungen.
„Ist eine noch stärkere Elementarkraft möglich, wenn es nichts Schnelleres als die Lichtgeschwindigkeit gibt?"
„Du willst damit sagen, um etwas bei Lichtgeschwindigkeit auf eine geschlossene Bahn zu zwingen, ist die stärkste aller denkbaren Kräfte notwendig und die Feinstrukturkonstante legt für die Coulombkraft exakt die Relation zu ihr fest."
„Gut gesagt, aber es ist noch nicht alles."
„Was noch?"
„Multipliziere die Elementarladung mit dem Kehrwert aus der Wurzel der Feinstrukturkonstanten und was erhältst du?"
Ein bisschen nerven mich diese Fragen, inzwischen weiß ich jedoch, es lohnt, darüber nachzudenken. Aber ich komme nicht weiter.
„Ich weiß schon", sagt das Nichts milde, „davon hast du im Studium nichts zu hören bekommen und später ist es dir auch nicht begegnet. Max Planck hat seinerzeit die physikalischen Größen auf Einheiten zurückgeführt, die nur noch Naturkonstanten enthalten. Sieh nach."
In der Tat, eine solche Ladung wird als Planck-Ladung bezeichnet und die Kraft zwischen zwei derartigen Ladungen entspricht nicht nur der von uns gesuchten, sondern ist auch gleich der Kraft im Newtonschen Anziehungsgesetz zwischen zwei nur über Naturkonstanten definierten Planck-Massen.
Interessant.

„Aber keine besondere physikalische Erkenntnis“, wirft das Nichts ein und ich vermute, es hat noch etwas zu diesem Thema beizusteuern.
„So ist es. Was glaubst du, wie viele chemisch verschiedene Elemente gibt es?“
„Ich habe vor einiger Zeit gelesen, dass es gelungen sei, das 118. Element nachzuweisen und damit ist eine Reihe im Periodensystem abgeschlossen. Die Frage, wie viele Elemente es gibt, schließt ein, dass die Anzahl begrenzt ist, aber darüber habe ich bisher nicht nachgedacht“
„Dann tu es, überleg’ weiter und denk an unserer Kraft.“
Worauf will es hinaus? Dann habe ich es. Wenn in einem Atomkern 137 Protonen wären, also 137 positive Elementarladungen, dann ist die elektrische Anziehungskraft dem Grenzfall so nahe, dass die inneren Elektronen, dem Gedankengang des Experimentes folgend, in etwa Lichtgeschwindigkeit in ihrem Zustand haben müssten, was wohl kaum möglich ist. Wären sie aber langsamer, stürzten sie in den Kern und es fände eine Teilchenreaktion statt, bei der ein Proton zu einem Neutron würde und der Kern hätte nur noch 136 positive Ladungen und damit wäre er ein Isotop des 136. Elementes. Das heißt, es sollte maximal nur 136 chemisch verschiedene Elemente geben, im Periodensystem genau noch eine Reihe mehr als bisher gefunden. Mehr Elemente sollten demnach nicht möglich sein!
Das scheint mir eine fundamentale Aussage, denn tatsächlich lese ich, dass man im erweiterten Periodensystem von weitaus höheren Ordnungszahlen als 136 ausgeht [10)] und so etwas für möglich hält. Das muss ich nach dem durchgeführten Gedankenexperiment nun bezweifeln.
„Jetzt bin ich mit dir zufrieden“, unverhofftes Lob vom Nichts.
Ich nicht ganz, denke ich, denn ich hatte ja gehofft, meine Gleichung würde irgendwie eine größere Rolle bei diesem Gedankenexperiment spielen. Außerdem erscheint es mir merkwürdig, dass noch niemand außer mir sich Gedanken darüber gemacht haben soll, denn genau betrachtet ist dieses gedankliche Experiment doch recht simpel.
Noch einmal lese ich bei Arnold Sommerfeld [11)] nach, wie er auf die Feinstrukturkonstante gekommen ist.
Angeregt durch spektralanalytische Messungen hat er die Umlaufgeschwindigkeit des inneren Elektrons im Wasserstoffatom mit der

Lichtgeschwindigkeit in Relation gesetzt. Das ist eigentlich nicht viel anders in der Herangehensweise.
„Auch wenn es dir abwegig erscheinen mag, weil du sicher der Ansicht bist, auch dieses hätte wieder nichts mit der Gleichung zu tun, würde ich gern noch ein weiteres Gedankenexperiment, so haben wir es ja getauft, mit dir durchspielen."
Was soll ich antworten? Einerseits bin ich neugierig, andererseits hege ich die Befürchtung, wir entfernten uns von meinem eigentlichen Interessenkreis.
„Im Grunde tun wir das nicht, auch wenn es dir so vorkommt, folge einfach meinen Gedanken." Also gut, was bleibt mir übrig?
„Was stellst du dir unter Masse vor?", ich habe es geahnt, das wird ja wohl nun bestimmt nichts mit dem zu tun haben, womit ich mich monatelang geplagt habe, überlege aber dennoch und will mich nicht blamieren.
„Nun, ich denke Masse ist eine Form der Energie und hängt nach der berühmten Einsteinschen Formel mit dieser zusammen. Sie kann nicht lichtschnell sein und lichtschnelle Energie hat keine Masse."
„Salomo lässt grüßen", sagt das Nichts, „da hast du eine unverfängliche Antwort parat, die lediglich den Einsteinschen Zusammenhang interpretiert. Was aber ist nun Masse wirklich?"
Wir drehen uns im Kreise, denke ich.
„Weißt du es denn?"
„Ich seh schon. Dir ist es lieber, meine Meinung darüber zu erfahren."
Ich bin skeptisch, ob es gelingen wird, den Spieß umzudrehen.
„Gut, dann höre meine Ansicht."
Es gelingt!
„Mit wenigen Worten ist es aber nicht zu machen", beginnt das Nichts. Will es Zeit schinden?
„Dem Problem nähern wir uns am besten von mehreren Seiten. Nehmen wir als Erstes die simple Newtonsche Formel der Gravitationskraft", die genügt aber relativistischen Gesichtspunkten nicht, denke ich.
„Weiß ich, ist auch nicht nötig, hör lieber geduldig zu. Dazu betrachten wir vorher die Einsteinsche Energie-Masse-Beziehung und formen sie so um, dass die Masse als Energie geteilt durch das Quadrat der Lichtgeschwindigkeit dasteht. Nun setzen wir dieses Ergebnis für zum Beispiel zwei beliebig große Massen in die Schwerkraftformel ein. Und was steht dann da?"

Schon hab ich wieder den Schwarzen Peter, doch diesmal bin ich vorbereitet, musste mich ja schließlich beim letzten Gedankenexperiment mit den Planck-Größen auseinandersetzen.
„Dann stehen da zwei entsprechende Energien jeweils geteilt durch den gleichen Abstand, zwei Kräfte darstellend und das Ganze in Beziehung zur Planck-Kraft ergibt die gesuchte Anziehungskraft durch Gravitation, denn die vierte Potenz der Lichtgeschwindigkeit geteilt durch die Gravitationskonstante ist die Planck-Kraft."
„Sehr gut", erteilt das Nichts mir eine Bestnote, „nun sag' selbst, deutet das nicht darauf hin, dass man gar keine Masse für die Beschreibung der Anziehungskraft benötigt, sondern mit der Energie auskommt."
„Wenn man sie denn kennt. Die Masse kann man immerhin durch Wiegen ermitteln", entgegne ich.
„Genau da liegt der Hund begraben. Die Masse war zugänglich, lange bevor man sich über das Wesen der Energie klar wurde. Kennt man die Lichtgeschwindigkeit, kann man genauso gut nämlich Energie wiegen. Ich will damit darauf hinweisen, dass der Begriff ‚Masse' nur eine Hilfsgröße ist und Energie das Entscheidende."
„Du weißt schon, dass die Physik im Bereich der Teilchen längst den Begriff ‚Masse' durch Energie ersetzt hat und diese Ruhe- oder von mir aus Grundenergie eines Teilchens in Elektronenvolt gemessen wird, das ist eine Energieangabe. Es ist nämlich für Teilchen genau der geschwindigkeits**un**abhängige Teil seiner Energie."
„Darauf will ich hinaus. Teilchen, und damit alles, was aus Teilchen besteht, besitzen eine typische Energiemenge, die gegenüber Bewegungen unveränderlich ist und nur bei Veränderung oder Verschwinden des Teilchens selbst anders werden kann."
„Das ist alles bekannt", sage ich.
„Und warum hast du dann auf meine Frage nach der Masse nicht gesagt, dass Masse nur ein Hilfsbegriff für in Ruhe befindliche Energie ist?"
Ich zucke die Schultern.
„Ich nehme an, dir war bewusst, dass ich dann nach deiner Vorstellung von Energie in Ruhe gefragt hätte."
Da hat das Nichts leider recht.
„Dann erläutere ich dir mal meine Vorstellung davon. Für mich besitzt Energie immer Lichtgeschwindigkeit und kann über Frequenz und Plancksches Wirkungsquantum angegeben werden. Ener-

gie aber hat auch alle Eigenschaften, die wir von Masse kennen, anziehende Wirkung auf andere Energie, Trägheit. Außerdem kann sie weder einfach entstehen noch vergehen. Wie kann sie aber dann zur Ruhe kommen?"
„Das ist die Frage, die du hoffentlich beantworten kannst", sage ich.
„Du solltest es ahnen. Das ist nur zu verstehen, wenn Energie andere Energie einfangen kann und sich das Ganze von außen gesehen in scheinbarer Ruhe oder langsamerer Bewegung als die Lichtgeschwindigkeit darstellt. Dann scheint uns dort ‚ein Teilchen mit Masse' zu sein, was in Wirklichkeit aus mindestens zwei mit Lichtgeschwindigkeit umeinander rasenden Energiemengen besteht. Also ist Masse die Wirkung von Energiemengen, die durch Kräfte an einem Ort gebunden sind."
„Welche Kraft aber sollte diese zwei rasenden Energiemengen aneinanderfesseln? Die Schwerkraft, ohne es sofort nachrechnen zu können, scheint mir viel zu schwach. Auch elektromagnetische Kräfte sind offensichtlich zu schwach, noch nie habe ich davon gehört, dass Lichtstrahlen sich gegenseitig einfangen", werfe ich ein, obwohl mir die Darlegung des Nichts' einleuchtet und auch gefällt.
„In unserem vorherigen Gedankenexperiment haben wir von ihr gesprochen", ist die lakonische Antwort.
„Ja, wir haben von einer hypothetischen Kraft gesprochen, die Lichtschnelles auf einer Bahn halten könnte. Es hieße allerdings nach deiner These, diese Kraft ist nicht nur eine Kraftschranke nach oben, sondern reale Eigenschaft von Energie."
„So muss es sein", sagt es. Das Nichts kann es also nicht beweisen und vermutet.
„Ich habe Gründe für diese Vermutung. Beweisen geht nicht, oder müssen wir zum dritten Mal über die Nichtbeweisbarkeit von naturwissenschaftlichen Gesetzen diskutieren?"
„Dann nenn mir bitte die Gründe, sie interessieren mich außerordentlich, das meine ich ernst, schließlich bestehst du auch darauf, Antworten zu erhalten, wenn du mich befragst", ich bin gespannt.
„Ich versuche es. Zum einen liefert die Einsteinsche Masse-Energie-Äquivalenz selbst einen Hinweis. Stell dir eine in Ruhe befindlich Energiemenge vor, von mir aus auch eine in Ruhe befindliche Masse, wenn dir das verständlicher ist. Teilst du nun, was auf der rechten Gleichungsseite steht, in zwei gleich große Anteile, dann

stehen da zwei Ausdrücke, die dir als kinetische, also Bewegungsenergie bekannt vorkommen sollten. Das sagt doch nichts anderes, als dass zwei gleiche Energien lichtschnell bewegt von außen betrachtet an ein und demselben Ort verweilen. Kannst du dir vorstellen, dass das anders vor sich gehen könnte, als dass sie einander umrunden, besser aneinander gebunden sind?“
„Hmm, klingt plausibel“, etwas anderes fällt mir dazu nicht ein, „und was führst du zum anderen an?“, fahre ich fort, denn wer „a“ also zum „einen“ sagt, der sollte auch „zum anderen“ sagen.
„Du bist hartnäckig, aber du bringst mich damit nicht in Verlegenheit. Und du wirst erstaunt sein, dass du selbst mir die nötige Munition dazu geliefert hast.“
„Da bin ich aber gespannt.“
„Du wolltest, oder hofftest doch schon immer, mit deiner Gleichung etwas zu den Planetenbahnen, eigentlich zu den Bahnabständen vom Zentrum herauszufinden. Und jetzt scheint es gelungen. Was aber sind Planeten anderes als Energieanhäufungen? Energiemengen, die um eine andere Energieanhäufung, das Zentrum, herumlaufen? Gewiss, dabei wirkt die Gravitation und nicht die Kraft, von der ich reden will. Sind aber Gravitation und auch Coulombkraft nicht Zentralkräfte, genau wie diese Kraft. Genauer muss man sagen „Kraftstufen“, denn wir haben bisher nur über die Grenze von Kräften gesprochen, die etwa 137 Mal stärker als die elektrische Kraft ist, weil wir nur eine Grundwelle auf dem Bahnumfang des lichtschnellen Etwas angenommen haben, die gleich dem Bahnumfang ist. Müssen wir nicht auch da Oberwellen zulassen, die alle die Bedingung erfüllen, dass sie nach einem Umlauf wieder die Phase oder den Zustand vom Anfang haben, also stationär, stabil sind? Hast du nicht genau das für die Wahrscheinlichkeitswellen beim Lösen deiner Gleichung zugelassen? Tun wir das aber auch hier bei unserer Grenzkraft, dann liegen zwischen ihr und der Coulombkraft genau 137 Stufen und wir müssen von Kraftstufen sprechen. Die 137. Stufe freilich entspricht schon fast der elektrischen Kraft.“
Donnerwetter! Das klingt durchaus logisch und mir ist klar, dass wir auf mehr als Logik nicht zurückgreifen können. Am meisten erstaunt mich aber der Brückenschlag zu all den früheren Überlegungen. Es hat also doch etwas mit der Gleichung zu tun.
„Du wirst noch des Öfteren staunen, vor allem, wenn ich dir sage, dass für die Überlegung im Gedankenexperiment Oberwellen gar keine Rolle spielen. Im Übrigen bin ich etwas verwundert, wie

kritiklos du meine Ausführungen annimmst, wenn nur irgendein Zusammenhang zur Gleichung auftaucht!“, meint das Nichts dazu, um fortzufahren, „ich erwarte schon ein wenig kritisches Mitdenken.“
Jetzt hat es mich ertappt, denke ich und überlege. Natürlich spielen im Gedankenexperiment Oberwellen keine Rolle. Sie führten zu ganzzahliger Verkürzung der Wellenlänge und damit zur Vervielfachung der Energie oder auch Masse und die Vergleichskraft müsste um den gleichen Wert verstärkt werden. Zur Ermittlung des ‚Faktors' würde das nichts beitragen. Die 137 Kraftstufen waren eine Falle, die mir das Nichts mit scheinbarer Analogie zur Lösung der Gleichung gestellt hatte und ich muss konstatieren, die 137 Mal stärkere Kraft ist eine Kraftgrenze und steht nur mit der elektrostatischen Kraft und entsprechender Gravitationskraft in Beziehung, Kraftstufen sind Unsinn.
„Na, also. Wieso sprichst du immer von der ‚Gleichung' und meinst deine Verallgemeinerung der Schrödingergleichung? Dabei hast du die Lösung für die Wahrscheinlichkeitswellen, die das Geschehen bei Planeten bestimmen, doch nur im Zusammenspiel mit dieser, der Impuls-Operator-Gleichung und dem linearen Wellenansatz gefunden. Du solltest für begriffliche Klarheit sorgen.“
„Das fällt mir etwas schwer“, muss ich zugeben.
„Nun“, sagt das Nichts, „die Lösung sagt doch etwas zu den Bahnradien und -exzentrizitäten. Gib ihr einen Namen!“
Ich überlege, zugegebenermaßen nicht zum ersten Mal, jetzt aber versuche ich mich festzulegen und werde diese Lösung „Das 4. Keplersche Gesetz“ nennen.

„Wieso Keplersches Gesetz, wenn *du* darauf gekommen bist? Willst du bei dieser Regel oder auch Gesetz da nicht ein wenig mit deinem Namen liebäugeln?“
„Kommt gar nicht infrage. Kepler hat danach gesucht. Durch großartige Leistung hat er drei Regeln gefunden. Die heutige Datenfülle lag ihm nicht vor, wenn auch für damalige Möglichkeiten ihm die großartige Datensammlung von Tycho Brahe zur Verfügung stand, von Schrödingergleichung war nichts zu ahnen, nicht einmal das Newtonsche Schwerkraftgesetz war da, es gab außer Papier und Bleistift, vielleicht nicht einmal den, keine Rechenhilfen, schon gar keine programmierbaren. Niemand hätte es mehr verdient, das nun Gefundene, nachdem er gesucht hat, auch

nach ihm zu benennen. Außerdem gehört es zu den drei anderen Gesetzen."
„Ich akzeptiere. Aber die Theorie, das Ganze, aus der das 4. Keplersche Gesetz entsteht, wie willst du sie nennen?"
„Das ist nicht einfach. Bei allem handelt es sich um etwas, dass von einem Zentrum ausgeht. Mir scheint ‚Zentralfeldtheorie' ein möglicher Name, aber auch dieser Terminus ist in der Theoretischen Physik schon verwendet worden, ehrlich gesagt, ich bin ratlos. Andererseits denke ich, die Geschichte vergibt Namen und wenn sie dann mit einem von einem Menschen vergebenen identisch sind, umso besser. Aber zurück zum letzten Thema. Wir haben hier eine Grenzkraft vor uns, die elementar betrachtet, den exakten Abstand zur elektrostatischen Elementarkraft festlegt. Soweit ich weiß, sind vier Elementar-Kräfte in der Physik bekannt: die Gravitation, die elektromagnetische, die schwache und die starke Kraft, von einer fünften, dieser Grenzkraft ist nichts bekannt."
„Stimmt. Ich bin auch nicht sicher, ob man sie als eigenständige Kraft definieren muss", aha, das ist neu, das Nichts gibt zu, etwas nicht zu wissen, fährt aber unbeeindruckt fort, „interessanter finde ich allerdings, sich noch einmal dieser Grenzkraft zuzuwenden. Nach unserem ersten Gedankenexperiment haben wir auf die linke Seite eine Kraft geschrieben, die wir in Relation zur Coulombkraft gesetzt haben und durch die Feinstrukturkonstante ist diese Kraft im Extremfall ziemlich genau 137,036 … Mal größer. Welchen Charakter aber hat diese Kraft?"
„So wie wir sie betrachtet haben, ist es die Kraft eines Zentrifugal-potentials, also die ‚Fliehkraft'."
„Darauf will ich hinaus. Keine andere Kraft kann Energiemengen, die quasi ruhende Teilchen repräsentieren, enger zusammenpressen, also auf einen kleineren Radius zwingen, als es der kleinste ‚Drehimpuls', das Wirkungsquantum, bzw. sein halber Wert zulässt. Und was bedeutet das?"
Das kann ich nicht so schnell beantworten. Offensichtlich rechnet das Nichts auch nicht mit einer brauchbaren Antwort meinerseits, denn es redet weiter, „es bedeutet, dass Materie, demnach alles, was wir mit ‚Masse' bezeichnen, nicht nur langsamer als die Licht-geschwindigkeit sein muss, sondern, dass sie unterhalb eines winzigen Radius inkompressibel sein muss, weil dann die abstoßende Wirkung der Fliehkraft nicht mehr zu überwinden ist. Das ist demnach auch eine Eigenschaft von Energie, die aus ihrer

Trägheit herrührt, und wir müssen diese Grenzkraft als unmöglich zu überschreitende Grenze aller Kräfte verstehen.“
„Wenn wir das tun, hat das erhebliche Konsequenzen“, antworte ich, „denn ich muss nicht lange überlegen, um darauf zu kommen, dass es dann in ‚Schwarzen Löchern’ keine Singularität gibt, sondern nur extreme Dichte von Energie, von ‚Wurmlöchern’ ganz zu schweigen. Das wird einen Aufschrei geben. Man wird über mich herfallen und niemandem kann ich glaubhaft machen, dass du mich auf diese Gedanken gebracht hast.“
„Du hast Angst!“
„Ich fürchte mich nicht vor Leuten, die gut argumentieren, ihre Argumente sind auch für mich höchst interessant, denn Theorien, das hatten wir schon, sind nicht beweisbar, aber sie können widerlegt werden, wenn sie denn Fehler enthalten oder gar falsch sind. Fürchten aber muss man sich vor jenen, die keine Argumente haben und lediglich polemisieren oder schlimmer.“
„Vor denen muss man sich nicht fürchten. Man beachtet sie nicht. Wer keine Argumente hat und polemisiert, disqualifiziert sich selbst.“
"Auf jeden Fall werde ich alles aufschreiben, aber dein Tun dabei nicht verheimlichen, bist du damit einverstanden?".
„Ist mir egal“, ist die enttäuschende Antwort.
„Es ist mir deshalb egal, weil ich dich mit noch viel ‚Schlimmerem’ konfrontieren werde, die Schuld dafür trägst du ganz allein. Du hast die ‚Zentralfeldtheorie’, auch wenn du sie nicht so nennen willst, ins Spiel gebracht, nun trag auch die Konsequenzen!“
„Ich habe versucht, Erklärungen für die Planetenabstände zu finden, was soll daraus ‚Schlimmes’ resultieren?“
„Du wirst sehen.“
Mir ist etwas mulmig. Bisher hatte das Nichts stets mit Vorankündigungen recht behalten. Was könnte also noch ‚Schlimmeres’ bevorstehen?
„Im Übrigen lässt sich noch viel einfacher begründen, warum es in Schwarzen Löchern keine Singularität geben kann“, fährt das Nichts unbeeindruckt fort und kommt noch einmal auf das vorhin Diskutierte zurück. Ich höre ihm gespannt zu.
„Wir hatten festgestellt, dass das Wirkungsquantum, vielleicht sogar sein halber Wert davon, den kleinstmöglichen Drehimpulswert repräsentiert. Und nun kannst du einfach die Heisenbergsche Unschärferelation heranziehen, nach der es unmöglich ist, Impuls

und Ort eines Teilchens gleichzeitig mit beliebiger Genauigkeit zu messen."
„Was hat das mit einem Schwarzen Loch zu tun?"
„Sehr viel. Ein Drehimpulswert wird aus dem Produkt der umlaufenden Masse, ihrer Umlaufgeschwindigkeit und dem Abstand vom Umlaufzentrum gebildet. Nun schreib einfach auf die linke Seite einer Gleichung den halben Wert des Wirkungsquantums und auf die rechte Seite Masse mal Geschwindigkeit mal Radius. Die Geschwindigkeit kann nicht größer als die Lichtgeschwindigkeit werden. Bring diese auf die linke Seite der Gleichung und dort steht ein zwar sehr kleiner, aber immer noch endlicher und konstanter Wert. Rechts steht nur noch das Produkt aus Masse und dem Radius und dieses Produkt kann nicht verschwinden, das heißt, der Radius, egal wie groß die Masse auch sei, würde selbst das gesamte Universum darin vereint sein, hat immer noch einen endlichen Wert. Und was bedeutet das?"
„Schwarze Löcher können nicht in einer Singularität enden, wie wir schon festgestellt haben", ergänze ich. Gegenargumente fallen mir nicht ein.
„Trotzdem wird das bei vielen kein Gefallen auslösen", versuche ich einen letzten Einwand und mir fällt die bekannte Aussage von Max Planck ein, der in etwa gesagt hat, je bedeutender eine neue Theorie oder Aussage ist, umso mehr Anfeindungen sei sie ausgesetzt.
„Wenn dir das Bauchweh verursacht, dann denk an die großen Geister der Vergangenheit, die ihrer Aussagen wegen um ihr Leben fürchten mussten, was musst *du* denn fürchten?"
Ich verstumme.
Nach geraumer Zeit frage ich, „und was hast du mir noch Schlimmeres anzudrohen?"
„Das ergibt sich auch aus der Form deiner ‚Zentralfeldtheorie'. Du weißt, dass sie nicht der Relativitätstheorie genügt", kommt das Nichts auf ein Thema, dass mir schon einige Male auf der Seele brannte, und dem ich nun wohl nicht ausweichen kann.
„Ja, ...", sage ich, „da kommen wir wohl nicht herum. Die Schrödingergleichung hatte den gleichen Makel und Paul Dirac und unabhängig von ihm Oskar Klein und Walter Gordon und noch andere haben diesen Makel durch Erweiterung der Schrödingergleichung behoben. Dirac störte der dabei zwangsläufig auch auftretende negative Wert der Energie und er fand die Lösung, indem er für das Elektron die Ladung und den Spin im Vorzeichen

umkehrte. Damit hatte er nicht mehr das Elektron, sondern ein Anti-Elektron definiert, das man später als Positron nachweisen konnte. Die Antimaterie trat in die Welt der Physik. Das war genial! Was aber soll ich? Die Antimaterie ist ausführlich beschrieben? Soll ich sie aus meiner Theorie noch einmal ableiten?“
„Ein bisschen viele Fragen auf einmal. Ich will etwas Schlimmeres von dir. Glaubst du an den Energiesatz?“
Ich stutze. Was soll das jetzt?
„Natürlich glaube ich an den 1. Hauptsatz der Physik, den Energieerhaltungssatz. Kein Physikstudent käme zum Abschluss, hätte er da Zweifel.“
„Man kann in der Prüfung so reden und anders denken, das solltest du gelernt haben in deinem Studium, denk an deine ‚Laufbahn’ auf dem Gebiet der marxistisch-leninistisch-materialistischen Dialektik.“ Daran wollte ich nun wirklich nicht erinnert werden.
„Ich kann dir sagen, es gibt Physiker, die sich am Perpetuum Mobile versuchen“, fährt das Nichts fort.
„Ich kenne keine Erfolge.“
„Denkst du, es könnte jemand damit Erfolg haben?“
„Ausgeschlossen!“
„Das beruhigt mich“, sagt das Nichts, um fortzufahren, „dann kann ich jetzt zu dem ‚Schlimmen’ kommen.“
Nun steigt meine Spannung:
„Auch wenn du mit der ‚Zentralfeldtheorie’ den Weg, zum Beispiel von Dirac, gehst, und du wirst einen solchen Weg gehen müssen, wirst du auf negative Energie stoßen.“
„Ich will aber nicht der Antimaterie wegen, die in der Quantentheorie ausreichend behandelt wird, einen solchen Aufwand betreiben“, halte ich entgegen.
„Sollst du auch nicht und kannst du auch nicht, denn du beschreibst keine geladenen Objekte. Ich schlage dir vor, die dabei auftretende negative Energie einfach zu akzeptieren.“
Mir bleibt der Mund offen, dann sage ich, „ist nicht dein Ernst!“
„Ist mein voller Ernst!“, sagt das Nichts sehr bestimmt.
„Wenn es negative Energie gäbe, dann könnte ja wohl ein Perpetuum Mobile funktionieren, oder? Das ist völliger Quatsch. Daran kann ich beim besten Willen nicht glauben. Und wenn du das für möglich hältst, dann zweifle ich daran, dass du an den Energiesatz glaubst“, sprudelt es aus mir hervor.

„Viele Argumente, aber keine tiefe Logik“, ist die Antwort, „ich denke eher, wer die Annahme der Existenz negativer Energie nicht akzeptiert, kann nicht so richtig an den Energieerhaltungssatz glauben.“
„Du willst also sagen, ich glaube nicht so richtig an den Energiesatz? Aber an ihn glaube ich nun wirklich. Es käme mir nicht in den Sinn an einem Perpetuum Mobile herumzubasteln oder an freie Energie auch nur zu denken“, empöre ich mich.

„Empöre dich nur. Du wirst entweder daran glauben müssen, dass es negative Energie gibt oder, wenn dir das lieber ist, geben kann, oder mich an deinem Energiesatzglauben zweifeln lassen.“
„Und mit welcher Logik willst du negative Energie plausibel machen?“, hake ich nach.
„Ich werde dir Fragen stellen und du wirst mit eigenen logischen Antworten es dir selbst plausibel machen.“
„Da bin ich aber gespannt“, antworte ich und will ganz selbstsicher wirken, aber in mir keimt Neugier und ich ahne, das Nichts könnte mich am Ende doch überzeugen.
Die Befragung beginnt.
„Denkst du, die im Universum vorhandene Materie, also die von uns als positive Energie bezeichnete und dazu die dunkle Materie, die auch zu ihr gehört, reichen aus, dass sich das Universum jemals wieder zu einem Punkt zusammenziehen könnte, zu einem ‚Omegapunkt‘?“
Ich überlege und sage schließlich etwas zögerlich, „soweit mir bekannt ist, nach allem, was ich gehört und gelesen habe, reicht sie dazu nicht.“
„Gut halten wir das fest. Wie ist diese gesamte Energie, also alle Form von Materie, erfassbarer und dunkler, demnach deiner Meinung entstanden?“
„Da ist man sich ziemlich einig, dass alles im Urknall entstanden ist“, antworte ich und bin wirklich gespannt, was das Nichts jetzt wohl fragen wird.
„Das heißt also, ab mathematisch gesehen zum Zeitpunkt Null direkt nach dem Urknall bis heute gilt der Energieerhaltungssatz, Energie ist da, keine kann mehr hinzukommen, nichts kann verschwinden. Und während des Urknalls gilt der Erhaltungssatz nicht, da entsteht Energie? Ist das nicht recht fragwürdig?“

„Es heißt, glaube ich, auch der Energieerhaltungssatz ist da erst entstanden und Zeit und Raum."
„Logisch ist das nicht."
„Es gibt auch die Ansicht, die Energie war schon vor dem Urknall da, hat sich zusammengezogen und ihn in einem Rückprall …", ich stutze, warum sollte eine Energiemenge, die sich jetzt nicht mehr zusammenziehen kann, weil sie zu klein ist, sich vor dem Urknall haben zusammenziehen können?
Das Nichts scheint mich fragend anzuschauen und ich merke in welcher Zwickmühle ich mit diesen Antworten stecke.
Dann erlöst es mich.
„Die einfache und logische Antwort lautet: während im Urknall die Energie entstanden ist, später werde ich sagen, freigesetzt wurde, entstand gleichzeitig die exakt gleiche Menge negativer Energie und der Energiesatz gilt damit universell."
„Das klingt zwar logisch, ist aber dennoch fiktiv. Was sollte denn dann den Urknall ausgelöst haben? Eine zufällige Fluktuation?", habe ich Zweifel.
„Eine zufällige Fluktuation könnte die Ursache sein. Aber wahrscheinlicher erscheint mir, dass eine größere Menge negativer Energie aus früheren Geschehnissen groß genug war, sich zusammenzuziehen und damit den Urknall und die Freisetzung weiterer Mengen negativer und des Energieerhaltungssatzes wegen auch positiver Energie in gleicher Menge verursacht hat."
„Aber das hieße, es müsste nun mehr negative als positive Energie geben und außerdem müsste dieses Mehr aus einem absoluten Nichts - entschuldige, wenn ich das ebenso nenne wie dich - heraus entstanden sein? Und wieso ist dir das wahrscheinlicher, wieso weißt du es nicht, wo du doch sonst fast alles weißt?"
„Ich gehöre zu deiner Energiewelt, sonst könnten wir nicht zueinander gekommen sein. Folglich kann ich mir die negative Energie und das ‚Nichts', aus dem alles hervorgeht, was meiner Ansicht besser das ‚Alles' hieße, auch nur durch logische Überlegungen erschließen. Um dem logisch näherzukommen, schlage ich vor, wir diskutieren über negative Energie."
„Von der du mich überzeugen willst! Und über die wir gar nichts wissen."
„Ganz so ist es nicht. Sieh mal, sie ist doch dadurch ins Spiel gekommen, dass wir deine ‚Zentralfeldtheorie' der speziellen Relativitätstheorie anpassen müssen, also müssen wir die generelle Gül-

tigkeit der einsteinschen Masse-Energie-Äquivalenz anerkennen. Das bedeutet, zu einer negativen Energie gehört eine negative Masse, wenn wir schon diesen Begriff noch verwenden wollen. Und was bedeutet negative Masse?"
'Blödsinn' ist das Erste, was mir in den Sinn kommt, dann aber überlege ich. Nach dem Newtonschen Gravitationsgesetz würde negative Masse von Masse, wie wir sie kennen, abgestoßen statt angezogen werden. Negative Masse selbst aber zieht negative Masse an!
„Na also. Da haben wir eine Aussage über die Gravitationswirkung von negativer Energie. Unsere Welt stößt sie ab, sich selbst aber zieht sie an. Auch dort sollten träge und schwere Masse gleich sein, was zugegeben etwas schwierig vorstellbar ist. Energie ist aber auch lichtschnell und das bedeutet, innerhalb negativer Energie läuft die Zeit rückwärts, wenn das Wirkungsquantum positiv bleibt oder umgekehrt."
Mir fängt der Kopf an zu schwirren, „langsam, langsam, das ist ein bisschen viel auf einmal."
„Du hast doch behauptet, dass man über negative Energie keine Aussagen machen kann. Im Übrigen, entsinnst du dich unserer Diskussion über die Null?"
„Ja, du warst der Meinung, wir gehen damit oberflächlich um, oder so ähnlich."
„Der Meinung bin ich immer noch, speziell bei dir. Schreib eine einfache, ganz simple Gleichung auf 'a – a = 0', was sagt sie dir?"
„Wenn 'a' zum Beispiel ein Pferdeapfel ist, um nicht wieder den Apfel zu bemühen und ich ihn wegnehme, ist keiner mehr da und ich muss mir die Hände waschen, was soll das?"
„Ist das alles, was dir dazu einfällt?"
„Was sonst?"
„Dann schreib die Gleichung so 'a – (a) = 0'."
„Ja und? Ist doch wohl dasselbe, nur dass der Pferdeapfel nicht mehr 'a', sondern '(a)' heißt und nun vielleicht eine Birne ist"
„Gut. Dann kann also 'a' etwas anderes sein als '(a)'."
„Kann auch das Gleiche sein und was bringt das?"
„Jetzt schreib die Gleichung ein wenig anders: 'a + (- a) = 0'. Ist sie noch mathematisch mit der anderen identisch?"
„Ja, klar. Worauf willst du hinaus?"
„Ich will dir zeigen, dass die beiden Nullen auf der rechten Gleichungsseite etwas Unterschiedliches aussagen. Im ersten Fall sagt

die Null, es ist nichts mehr da, was da war, wurde weggenommen. Im zweiten Falle sagt die Null, es sind zwei einander vollständig kompensierende Dinge da, die aber von außen gesehen wie nicht mehr vorhanden wirken."
„Krümelk ....", will ich antworten, verstumme aber. Physikalisch macht das durchaus Sinn, fällt mir ein. Bei der Paarvernichtung, zum Beispiel zwischen einem Elektron und einem Positron muss genau das für die Ladung geschehen, denn Ladung ist relativistisch invariant, also geschwindigkeitsunabhängig und eine Erhaltungsgröße. Die beiden entgegen gesetzten Ladungen, die vorher da waren, sind am Ende nicht mehr vorhanden, besser gesagt, so wie es das Nichts formuliert, ihrer vollständigen Kompensation wegen von außen physikalisch nicht mehr wahrnehmbar.
Was ich schnell hin als ‚Krümelkackerei' abtun wollte, erweist sich als diskussionsresistent.
„Nun, ...", sagt das Nichts und macht eine Bedeutungspause, „begreifst du, wie ich das mit der negativen Energie meine? Sie ist ein anderer ‚Stoff' als Energie, mit genau der Eigenschaft, diese in höchst komprimierter Form und gleicher Menge exakt zu kompensieren und dann jedem physikalischen Zugang sowohl von positiver als auch negativer Sicht der Dinge vollständig unzugänglich zu machen. Also aus Betrachtung unserer Welt entsteht ein NICHTS, das in Wirklichkeit ein äußerst beträchtliches ALLES ist."

„Wie aber sollen die beiden Arten Energie zusammenkommen, wo sie sich doch abstoßen?", noch ist mein letzter Zweifel nicht beseitigt.
„Was ist logisch?"
Ich stutze, ist das jetzt eine Frage oder Vorspiel einer Erklärung?
„Sie kommen niemals zusammen, weil es wohl keine Kraft geben kann, die das vermag."
„??? ..."
„Sie waren zusammen, aber einmal getrennt, ist es vorbei mit dem Zusammensein."
„Wie aber können sie dann zusammen gekommen sein?" Jetzt hab ich dich, Triumph keimt in mir.
„Wir wissen nicht alles. Wollen wir aber den Energiesatz universell anerkennen und davon ausgehen, dass beim Urknall beide Energiearten in gleicher Menge freigesetzt wurden, dann muss es eine Möglichkeit für ein Zusammensein geben, unabhängig davon, ob

wir nun wissen wie oder es nicht verstehen. Es bleibt uns beiden nur übrig, darüber nachzudenken. Kannst du widerlegen, dass sie beieinander existieren müssen?“

Noch glimmt ein Funke Widerspruch in mir, aber ich finde keine Gegenargumente und sehe ihn langsam verglühen.

„Wer eine These nicht widerlegen kann, sollte sie gelten lassen, auch wenn sie ihm noch so missfällt“, kommentiert das Nichts unsere Situation.

„Dennoch wäre es sehr beruhigend, wenigstens einen winzig kleinen Beleg für diese fremde Art Energie zu haben“, letztes Aufflackern von Widerspruch.

„Dann denk über die ‚Dunkle Energie‘ nach.“

Diesem Einwand kann ich mich nicht entziehen. Was bringe ich dazu in Erfahrung. Wie immer in solchen Dingen, versuche ich Erkundigungen einzuziehen. Bei Wikipedia [12] erfahre ich:

‚In den Modellen besteht das Universum zum gegenwärtigen Zeitpunkt, ca. 13,8 Milliarden Jahre nach dem Urknall zu 68,3 % aus Dunkler Energie, 26,8 % aus Dunkler Materie und zu 4,9 % aus der sichtbaren, baryonischen Materie.‘

Die Dunkle Energie sei verantwortlich für eine beschleunigte Expansion des Alls, das passt zur abstoßenden Eigenschaft. Wenn die 31.7 % positiver Energie (ich zähle Dunkle Materie und baryonische zusammen) gleichzeitig mit 31.7 % negativer Energie entstanden sein sollen, dann muss eine Menge von 36.6 % negativer Energie vor dem Urknall existiert und nach Meinung des Nichts im Omegapunkt ihrer Verdichtung den Urknall ausgelöst haben.

Sind 31.7 % positiver Energie nicht in der Lage, einen Omegapunkt herbeizuführen, wie das Nichts und ich annehmen, dann könnten es 36.6 % sein. Ist also kein Widerspruch. Beachtet man noch, dass sogar vielleicht die 31.7 % ausreichen könnten, weil sie ja durch die negative Energie zusätzlich auseinander getrieben werden, wird es noch wahrscheinlicher, die 36.6 % negativer Energie könnten der Auslöser gewesen sein.

„Ich sehe, du fängst an zu akzeptieren“, frohlockt das Nichts, um fortzufahren, „dann könnte ich dir meine Version vom Entstehen der Dinge unserer Welt vorsichtig zu Gehör bringen, du weißt schon, ohne deine Ohren zu strapazieren. So du denn willst.“

Natürlich will ich, brauche aber noch etwas Zeit, das bisher Gedachte zu verdauen.

„Melde dich, wenn du bereit bist.“

Das ist ein faires Angebot. Ich ziehe mich in meine Gedankenwelt zurück und verdaue. Langsam weicht das unangenehme Gefühl, welches mir die Sache mit der negativen Energie verursachte und ich beginne, mich damit abzufinden und langsam sogar anzufreunden.
„Na, also, …“, das Nichts ist wieder da, „aber nach deinen Recherchen sollten wir nicht mehr von ‚Negativer Energie' sprechen, nachdem sie der amerikanische Astrophysiker Michael Stanley Turner bereits 1998 als ‚Dunkle Energie' definiert hat und weiterhin bei diesem Begriff bleiben, obwohl mathematisch ‚positiv' und ‚negativ' anschaulicher wäre und mir auch besser gefällt.“
Damit bin ich einverstanden und sage: „Dann besteht also das absolute, vollkommene Nichts, was ein Alles ist, aus hoch komprimierter uns bekannter und unbekannter Dunkler Materie einerseits und aus Dunkler Energie in gleicher Menge andererseits und ist keinem dieser beiden Teile, so sie denn einzeln auftreten, auf irgendeine physikalische Art zugänglich!“, und erwarte positive Resonanz.
„Das ist meine Ansicht, die ich für richtig halte, aber umständlicher hätte ich es auch nicht ausdrücken können.“
Nicht gerade positiv, denke ich, mache mich nun aber bereit, den Ausführungen des Nichts über das Entstehen unserer Welt, die es mir angekündigt hatte, zu lauschen.
Etwas zögerlich, wie mir scheint, beginnt das Nichts seinen Vortrag.
„Du weißt, dass ich zur Welt deiner Energie, der normalen, wie ich sie nennen will, gehöre und damit selbst keinerlei Zugang zur Dunklen Energie und dem ‚Alles' habe. Was ich darüber sage, entspringt demnach ausschließlich logischer Überlegung und kann also nur eine These, wenn es hochkommt, eine Theorie sein.“
„Ist mir schon klar, Hauptsache die Sache ist logisch, physikalisch sinnvoll und wenn möglich mathematisch formulierbar“, bekunde ich Aufmerksamkeit.
„Vor unserem Urknall war eine bestimmte Menge Dunkler Energie vorhanden, wie du schon selbst geschlussfolgert hattest. Die dazugehörige, dem Energiesatz entsprechende Menge normaler Energie war von ihr getrennt irgendwohin ins Nirgendwo verdrängt, soll uns nicht interessieren und ist uns ohnehin auf gar keinerlei Art mehr zugänglich. Die für uns interessante Dunkle Energiemenge jedoch hat sich immer weiter verdichtet, bis sie schließlich in einer Art Omegapunkt, einem umgekehrten Urknall, eine schier unvorstell-

bare Grenzdichte erreichte und dem stabilen Zustand des an diesem Punkt existierenden ‚Alles' ein Ende setzte, mit dem Ergebnis, dass dort das Gleichgewicht aufbrach und sich in einer Schockwelle sogar auf die Umgebung ausbreitete, ich gehe dabei von überlichtschneller Ausbreitung aus. Das Aufbrechen setzte zusätzliche Dunkle Energie frei, vermehrte also die vorher vorhandene, aber auch in gleicher Menge normale Energie. Energiesatz! Bei diesem Zustand extrem hoher Energiedichte verklumpte der größte Teil unserer positiven Energie zu gigantischen Schwarzen Löchern, die die Zentren der zukünftigen Galaxien bildeten, wohingegen die Dunkle Energie nicht verklumpte, weil sie nicht verklumpen kann."
„Wieso nicht?", hake ich ein.
„Du kannst es dir selbst überlegen, es ist gar nicht so schwer", erwidert das Nichts unbeeindruckt, „entsinnst du dich, als wir uns über die Feinstrukturkonstante unterhalten haben und die Grenzkraft als Fliehkraft interpretierten, kamen wir zu dieser Konstanten, indem wir diese Kraft ins Verhältnis zur elektrostatischen Kraft gesetzt haben. Nun betrachten wir stattdessen die Gravitationskraft. Es kann wohl nur etwas Stabiles wie verklumpte Materie entstehen, wenn zwischen der Fliehkraft und der anziehenden Kraft ein Gleichgewicht herrscht. Und wie ist das bei der Dunklen Energie?" Zum Glück ist das keine Frage an mich, denn es redet fröhlich weiter, „Dunkle Energie zieht einander ebenfalls an, aber die Fliehkraft ist anders gepolt. Anstatt eines stabilen Gleichgewichtes bleibt die Dunkle Energie diffus und verklumpt nicht, bildet keine", hier stockt das Nichts, „ ‚Schwarze Löcher' kann man da gar nicht sagen, denn das haben wir ja für die normale Energie verbraucht, ‚Weiße Löcher' sind es aber auch nicht, also sagen wir, Dunkle Energie bildet keine den Schwarzen Löchern der normalen Energie äquivalenten Gebilde."
Ich muss schmunzeln, denn mein Freund, das Nichts, ist wohl doch etwas ins Straucheln geraten, fängt sich aber, um fortzufahren, „Und wo es so etwas nicht gibt, werden auch keine unseren Galaxien ähnelnden Gebilde entstehen. Ich hoffe, das erklärt deine Frage und ich kann in meinen Erörterungen fortfahren."
„Du kannst", gebe ich mich jovial.
„Also, der Großteil unserer normalen extrem hoch verdichteten Energie verklumpte, der kleinere Teil jedoch nicht und dieser kühlte sich mit der Expansion des Raumes ab und erreichte nach vielen Größenordnungen niedrigere Werte, die für dich und auch für mich

in unserer Welt die Existenz ausmachen. Zunächst ging die Expansion unglaublich rasant vor sich, solange sich alles im Bereich der Grenzkraftdichte befand, dann aber wirkte zunehmend die stärkste der bekannten vier Kräfte, die ‚Starke Kraft' wobei die Dichte sich so weit verringerte, dass erste Materieausfällungen in Form der schweren Quarks ‚Top', ‚Bottom' und der Gluonen stattfanden, aber keine stabile Materie erzeugte. Nach weiterem Dichteschwund entstanden die ‚Charme'- und ‚Strange'-Quarks zusätzlich, aber ihre Produkte waren auch nicht gerade mit Stabilität gesegnet. Erst als sich die ‚Up'- und ‚Down'-Quarks kondensieren konnten, entstand die Möglichkeit stabiler Teilchenbildung, der Erhaltungssätze wegen Neutronen, denn die Energie vorher besaß keine Ladung, also musste auch hinterher die Ladungssumme gleich ‚Null' sein. Die Neutronen aber, sobald sie eine gewisse Bewegungsfreiheit erhalten, zerfallen auch, und zwar mit einer Halbwertszeit von etwa 10 bis 15 Minuten und Protonen und Elektronen entstehen nach den Ergebnissen der Teilchenphysik gemeinsam mit Elektron-Antineutrinos und diese drei Teilchenarten sind stabil. Hier will ich dich fragen, was das bedeutet?"
Ich zucke zusammen, mit einer Frage hatte ich nicht gerechnet und beginne zu überlegen. „… Ich denke, wenn als Erstes nur Neutronen entstanden, bedeutet es, dass im gesamten Universum exakt die gleiche Anzahl positiv wie auch negativ geladener elektrischer Teilchen vorhanden sein muss."
„Ich sehe, du denkst mit. Aber dieser so gradlinig geschilderte Vorgang lief keinesfalls an allen Orten gleichzeitig synchron ab. Vielmehr gab es eine wilde Durchmischung. Waren an einer Stelle schon erste Teilchen entstanden, gab es an weiteren noch nicht einmal Quarks, gewissermaßen rasten explosionsartig überall die verschiedensten Zustände auseinander. Es entstanden Teilchen, es entstanden parallel Quarks und Gluonen und es gab die riesigen Verklumpungen zu Schwarzen Löchern, um die sich unsere nun schon stark verdünnte Energie sammeln konnte. Erst ab einer bestimmten Verdünnung versagte die kurzreichweitige starke Kraft, es blieb nur noch das Auseinandertreiben normaler und Dunkler Energie durch die unendlich schwächere Gravitation, wobei all diese Kräfte auch, negativ allerdings für uns, in der diffusen Dunklen Energie wirkten. Doch als sich die Neutronen gebildet hatten und über genügend freie Bewegung verfügten, konnten sie wie schon gesagt zerfallen und auch diesen Zustand können wir heute nicht

beobachten, denn es entstand zunächst ein hochenergetisches Plasma, indem sich freie Quanten wie Licht nicht bewegen konnten. Das Plasma musste sich so weit abkühlen und damit verdünnen, dass die Protonen in der Lage waren, die Elektronen einzufangen, um sich mit ihnen als Atome zu umhüllen. Dann war erst jene Sorte elektromagnetischer Strahlung möglich, die uns zugänglich ist und die ersten chemischen Elemente waren geboren: Wasserstoff, geringfügig Helium und vielleicht kaum nennbar Lithium."

Das Nichts macht eine Pause und ich frage, „da stellst du aber einige fundamentale Thesen auf: Schwarze Löcher entstehen schon in den ersten Augenblicken nach dem Urknall - ohne Dunkle Energie wäre der Ablauf erheblich anders oder gar ausgeschlossen und auch die Dunkle Energie müsste so etwas wie die starke Kraft und die anderen Kräfte kennen, die von positiver Energie abstoßen und für die Inflation kurz nach dem Urknall verantwortlich zeichnen. Sind das nicht gleich ein bisschen viel Thesen auf einmal?"

„Ja, sind es. Und ich setze noch eine viel gewichtigere drauf: in all den Zustandsphasen beider Energieformen waren die physikalischen Eigenschaften in ihnen alle vorhanden und bis aufs Vorzeichen gleich, nur in ihrem Wirksamwerden sind sie abhängig vom jeweiligen Zustand."

„Alle Eigenschaften sollen das sein?", frage ich.

„Nun, Energie ist lichtschnell, also existiert stets die Lichtgeschwindigkeit als Grenzgeschwindigkeit, weiter das Wirkungsquantum als konstante Größe des minimalen Drehimpulses, die Feinstrukturkonstante als Kraftgrenze und Einordnung der elektromagnetischen Kräfte, die Trägheit und die Anziehungskraft von Energie. Als wichtigste Eigenschaft aber wohnen den Energien die Erhaltungssätze inne. Weitere Eigenschaften treten nur bei entsprechender Dichte hervor, zum Beispiel die durch Gluonen vermittelte starke Kraft. Sie reicht nicht weit durch die begrenzte Lebensdauer dieser nur in einem bestimmten Dichtebereich existierenden Teilchen, zum Beispiel in Protonen, Neutronen oder anderen."

„Und Schwarze Löcher?"

„Bestehen aus reiner Energie, allerdings nur aus unserer normalen, nicht aus Dunkler Energie, wie schon gesagt. Die wichtigsten, größten entstehen aus Verklumpungen beim Urknall, ihre zweite Entstehungsart ist vollkommen anders als Kollaps großer ausgebrannter Sterne. Von außen gesehen unterscheiden sie sich physika-

lisch für uns nicht, in ihrem Inneren schon, aber warum das so ist, wirst du allein herausfinden müssen."
„Denkst du, ich kann das schaffen?"
„Wir werden es sehen."
Wenn aus Fragen Aufgaben erwachsen, denke ich, lasse ich lieber meinen Vorrat an solchen zur Neige gehen, denn mir scheint, das Nichts ist noch nicht am Ende seiner Darlegungen. Tatsächlich fährt es fort, „erst nachdem sich erste Atome gebildet hatten und elektromagnetische Wellen Energie übertragen konnten, war unsere Welt entstanden. Es entstand, was wir beobachten können und von da an nahm alles einen unabänderlichen Lauf. Atome, hauptsächlich Wasserstoff, sammelten sich in riesigen Wolken zu Galaxien um die als Zentren fungierenden Schwarzen Löcher, die wiederum viele dieser einfachen Atome einsaugten und einen Teil davon in Energieausbrüchen ausspien, neue Elemente dabei schaffend. Erste Sterne glühten auf, zum Teil waren sie riesig und verbrannten deswegen schnell, um an ihrem Lebensende weitere in ihnen ausgebrütete Elemente in Explosionen freizusetzen und auch dabei noch solche Elemente erzeugend, die nur unter großer Energiezufuhr entstehen können. Waren genügend chemische Elemente vorhanden, konnten sich Sterne bilden, deren Satelliten Bedingungen aufwiesen, die höhere Verbindungen, Moleküle verschiedenster Art, zuließen, bis hin zu den Molekülen, die nicht mehr nur anorganisch waren, sondern den Weg zu biologischen Materialien eröffneten. Alles, was ich dir dazu weiter erörtern könnte, kannst du, in unzähligen Büchern zur Kosmologie ausführlich beschrieben, selbst nachlesen. Ich will dir nur deutlich machen, dass aus den relativ wenigen Prinzipien, die der Energie innewohnen, ein unglaublicher, immer vielfältiger werdender Entwicklungsablauf fast zwangsläufig hervorgeht und die Ordnungsprinzipien des Anfangs in allem bestehen bleiben. Als du, noch bevor ich zu dir kam, einen Widerspruch zum 2. Hauptsatz der Thermodynamik darin sehen wolltest, dass, ganz in Gegensatz zu ihm, scheinbar aus dem größten Chaos zu Beginn der Zeiten doch erkennbare Ordnung entstanden ist, hast du nicht bedacht, dass die Ordnungsprinzipien unverändert über alle Entwicklung wirken, vor dem Urknall, wenn auch unzugänglich, da waren, danach weiterhin wirkten, nun erkennbar, und in alle Ewigkeit ihre Kraft nicht verlieren können. Übrigens waren deine damaligen Überlegungen zum 2. Hauptsatz und der Entropie unvollkommen, denn den

Zweifel, den du wegen widersprüchlicher angeblicher Ordnungszunahme hegtest, war ganz unsinnig. Die den 2. Hauptsatz bestimmende Größe ‚Entropie' ist definiert als das Verhältnis von Wärmemenge zu absoluter Temperatur. Wärmemenge aber ist Energie. Die Energie im Universum bleibt, wie wir lang und breit diskutiert haben, konstant. Die Temperatur aber hat ja wohl während des Urknalls ihren Höchstwert. Folglich kann mit der stetig fortschreitenden Abkühlung durch Ausdehnung die Entropie nur zunehmen – in Übereinstimmung zur Aussage des Erhaltungssatzes. Mit Ordnung wie du sie verstehen und auslegen wolltest hat das nichts zu tun.
Im Übrigen habe ich als vielleicht wichtigste Eigenschaft von Energie noch nicht erwähnt, dass dort, wo sie sich in Zentren sammeln kann, die wir dann als Energiezentren bezeichnen, sich auch stets das geheimnisvolle Wahrscheinlichkeitsfeld in vielfältiger Varianz herausbildet, im Kleinsten und im Großen. Und welches Feld ist das?"
„… Das Zentralfeld?", antworte ich zögernd.
„Ja. Das Ordnung schaffende Zentralfeld, welches eine räumliche und eventuell zeitliche Wahrscheinlichkeitsdichte beschreibt. Oder glaubst du, dass dieses für sich allein existiert. Ohne Energie macht es überhaupt keinen Sinn!"
Ich schweige. Es ist ein bisschen viel auf einmal und mein unsinniges ursprüngliches Grübeln über Ordnung und deren Entwicklung hätte ich genau wie das Nichts führen können, das unbeirrt fortfährt, „was wir aber niemals klären können, der wievielte Urknall war der unsere. Denn der erste war es nach dieser Theorie nicht, weil vor ihm Dunkle Energie da war und demzufolge in gleicher Menge unsere Art an Energie ebenfalls irgendwo. Bestenfalls war unser Urknall der zweite, wahrscheinlich aber nur einer in einer langen Kette aufeinanderfolgender …", mir ist unklar, ob das Nichts weiter reden will oder mit seinen Ausführungen fertig ist.
Tage später frage ich, „für dich scheint alles klar und einfach. Gibt es überhaupt etwas, worüber du dich wunderst, was auch für dich ein Rätsel ist?"
„Ja, gibt es. Du wirst dafür auch keine Erklärung haben, bin ich mir sicher, aber vielleicht denkst du darüber nach und ich würde mich freuen, fändest du eine Lösung. Die Wahrscheinlichkeit dafür, sage ich dir, liegt nach meiner Ansicht nahe bei null, einer ‚Null', die aussagt, dass da nichts zu erwarten ist."

„Lässt du mich das Rätsel trotzdem hören, ohne meine Ohren zu strapazieren?“
Das Nichts legt unbeeindruckt los, „nach all der langen Entwicklung sind unzählige molekulare Verbindungen entstanden.“
„Ist ja wohl eine logische Folge der Entwicklung“, werfe ich ein.
„Schon. Aber es gibt genau vier Moleküle, deren Eigenschaften mir das Rätsel sind.“
„Und welche?“
„Alle vier Moleküle haben genau drei Stellen, an denen andere Moleküle ankoppeln können.“
„Was ist daran besonderes?“
„Die Eigenschaft dieser Koppelstellen. Zwei davon sind identisch und treten nämlich bei allen vier Molekülen auf und nur mit diesen können die vier sich miteinander verketten. Keines der vielen, vielen anderen Moleküle aber darf daran koppeln können, sonst ist, was daraus entsteht, gestört. Und eine dritte Koppelstelle dieser vier passt stets nur zu einer dritten Koppelstelle eines der vier, die dritten Koppelstellen der zwei übrigen aber passen auch eineindeutig zueinander und andere Moleküle außer den vier dürfen in keinem Fall an diese dritten Koppelstellen andocken können. Du weißt, wovon ich rede?“
„Es war mir schon fast zu Anfang klar, du redest von der Lebens-gründenden ‚DNA’.“

„Ich rede von einem Ketten bildenden, teilbaren, kopierbaren und beliebig lang sein könnenden Informationsträger, der durch diese Eigenschaften über lange Zeit so gut wie unzerstörbar ist und dennoch Veränderungen im Rahmen seiner eigenen Art zulässt. Mein Rätsel ist, wieso gibt es genau vier solcher Moleküle, keines mehr, keines weniger? Es könnten zwei weniger sein, um Information zu speichern und weiterzugeben, aber es sind vier, was eine höhere Informationsdichte zulässt. Wieso gibt es unter den unzähligen anderen Molekülen keines, was an eine der drei Andockstellen dieser vier Moleküle ankoppeln kann?“
„Weil die Informationskette abbricht, sollte ein anderes Molekül dort ankoppeln“, antworte ich und weiß, dass das gewiss keine Antwort ist. Zum Glück beachtet das Nichts meine Rede nicht. Wenn *du* das schon als Rätsel ansiehst, wie sollte ich es dann lösen können, denke ich.

„Hattest du mich nicht danach gefragt, ob es für mich etwas Rätselhaftes gibt? Ich erwarte keine Lösung von dir.“, das Nichts hat also meinen Gedankengang aufgenommen, ich aber wundere mich, hatte ich doch bisher stets gedacht, die Interessen des Nichts lägen ausschließlich auf physikalischen, mathematischen und ähnlichen Problemen und so sage ich, „der Themenkreis wundert mich schon, bisher haben wir immer nur um Themen ganz anderer Art diskutiert.“

„Du würdest staunen, was mich noch alles beschäftigt“, sagt es und fährt fort, „im Übrigen ist das noch nicht alles zu diesem Thema. So rätselhaft schon die Existenz genau dieser vier Moleküle ist, noch weitaus verwunderlicher ist, dass der damit möglich werdende Informationsträger, der alle Anforderungen an Stabilität, Unverfälschbarkeit und Kopierfähigkeit erfüllt, erstmal noch gar nichts weiter ist als nur ein Informationsträger, der eine willkürliche Aneinanderreihung vier verschiedener Zeichen darstellt. Diese allerdings in beliebiger Kombination und Vielzahl. Aber kannst du dir vorstellen, dass, würden wir zum Beispiel alle Buchstaben einer Bibliothek auf einen Haufen kippen und diese dann wieder blindlings zusammenfügen, daraus jemals wieder die Bibliothek entstehen könnte, soviel Versuche wir auch hätten?“

Ich schüttele mit dem Kopf. Das kann ich mir beim besten Willen nicht vorstellen.

„Aber genau das liegt vor. Du könntest nicht sein, ohne diese Bibliothek in dir“, und ich fühle den tiefen bedeutsamen Blick des Nichts auf mir ruhen und denke, wenn wir schon an diesem Punkt sind, dann kann ich dich ja auch nach etwas fragen, was mich durchaus umtreibt, mit Physik wohl aber so gar nichts zu tun hat und ich frage, „was hältst du von Gott, Göttern und den Religionen?“ Und ich bin mir im Klaren, diese Frage liegt weit ab von allem, über das wir bisher sprachen. Ein bisschen will ich das Nichts auch provozieren und warte nun gespannt auf die Antwort.

Es dauert.

Na, klar, so eine Antwort kann man nicht einfach aus dem Ärmel zaubern, bestimmt überlegt das Nichts, wie es am besten einem wie mir die Sache deutlich machen kann. Ich will mich gedulden.

Nach einigen Minuten werde ich unruhig.

Nach fast einer Stunde ratlos.

Dann fällt es mir mit großem Schrecken ein: habe ich die verbotene Frage gestellt?

Noch ist nichts verloren, tröste ich mich, schließlich hatte das Nichts auch in der Vergangenheit manchmal über längere Zeit nichts von sich hören lassen.
Die Tage rinnen dahin und mit ihnen der Rest Hoffnung.
Ich muss davon ausgehen, es war die verbotene Frage. Hatte das Nichts nicht seinerzeit gesagt, es werde ohne Antwort verschwinden, nicht wie Lohengrin erst noch antworten?
Oh, ich Tor! Hätte ich nicht erst einmal darüber nachdenken können? Musste ich denn gleich darauf los fragen?
Was hilft es, nun muss ich der traurigen Tatsache ins Auge sehen, das Nichts ist weg, für immer weg! Vielleicht hätte ich nicht nur in Physikbücher schauen, sondern wenigstens einmal noch das Märchen vom ‚Fischer und seiner Frau' lesen sollen …
Tage später beruhige ich mich. Habe ich nicht soviel an Erkenntnis gewonnen, dass ich froh sein kann? Gewiss ist das Verschwinden des Nichts ein herber Verlust, aber was währt schon ewig?
Gewissheit über die vielen diskutierten Dinge, ob sie wahr sind oder nicht, habe ich zwar nicht, doch alles scheint mir jetzt schlüssig und warum sollte ich Zweifel hegen? Es werden sich andere damit beschäftigen und Gegenargumente oder Bestätigung bringen. Wissenschaft lebt nun einmal von Thesen, Theorien, ihren Widerlegungen oder Verifizierungen und solange nicht klare Gegenbeweise auftauchen, bleibe ich bei meinen Annahmen und deren Begründungen und ich werde den Verdacht nicht los, dass mit dem von mir aufgestellten Ansatz der verallgemeinerten Schrödingergleichung vielleicht sogar ein Schlüssel zur Vereinheitlichung von Quanten- und Allgemeiner Relativitätstheorie gegeben sein könnte.
Da habe ich noch viel nachzudenken und werde es, wenn auch schweren Herzens, ohne das Nichts tun müssen.
Doch, eine gewisse Hoffnung bleibt mir. Vielleicht ist es auch nur ein Trugbild. Aber als ich mathematisch untersuche, unter welchen Bedingungen meine Gleichung in die Schrödingergleichung nahtlos und mathematisch „sauber" übergeht, kommt heraus, dass der klassische Drehimpuls größer als Null sein muss und sein kleinster Betrag gleich einem reduzierten Wirkungsquant ist, dass er sich im Falle der Anwendung auf die Gravitation selbst aber nur um das Doppelte davon ändern kann, sollte die Schrödingergleichung als kleinstmögliche gelten und nicht verschwinden können.

Zunächst bin ich ein wenig verdutzt, das habe ich nicht erwartet. Bis mir einfällt, vom Graviton, dem in der Allgemeinen Relativitätstheorie postulierten Teilchen, erwartet man genau das.
Was für Aussichten!
Doch nun kommt wieder das große Wenn und Aber, von der Allgemeinen Relativitätstheorie habe ich im Studium nichts zu hören bekommen und in meinen geliebten und hochgeschätzten „Macke"-Lehrbüchern der Theoretischen Physik ist sie nicht einmal erwähnt.
Gesegnetes Zeitalter des Internets, wenn ich seinen Fluch, den jedes Licht als Schatten erzeugt, beiseite lasse, wird es mir vielleicht helfen. Als ich Material herunterlade, eine Vorlesung über die ART (Allgemeine Relativitätstheorie) [13)], begreife ich schnell, ohne Wiederholung der Differenzialgeometrie und der Tensoralgebra wird es nichts. Dazwischen aber liegen über 50 Jahre Vergesslichkeit und wohl eine beträchtliche Aufarbeitungszeit vor mir. Mühsam erklimme ich die Höhen, verstehe die Ableitung der Geodätengleichung in allgemeinen gekrümmten Koordinatensystemen, das Aufarbeiten der Kapitel über die „Äquivalenten Ableitungen der mechanischen Bewegungsgleichungen" seinerzeit hilft mir dabei beträchtlich. Aber noch habe ich nicht die geringste Vorstellung, wie ich von meiner Gleichung zur ART gelangen kann. Es nicht zu versuchen, denke ich, wär' eine nicht zu entschuldigende Unterlassung. Also mühe ich mich und es dauert Wochen!
Tensoralgebra, kovariante und kontravariante Größen, manchmal ist es zum Verzweifeln, doch Goethe hat es in seinem „Faust" so treffend formuliert, „wer immer strebend sich bemüht, den können wir erlösen" …
Auf diese Erlösung hoffe ich. Es geht sehr langsam vorwärts, Schritt für Schritt.
Die Christoffelsymbole, die mir nun zum ersten Male begegnen, kommen mir vor wie chinesische Schriftzeichen, dabei lebte der Mann von 1829 bis 1900. Diese Mathematik ist über 120 Jahre alt und ich steh' davor wie ein Achtklassenschüler!
Das muss sich ändern.
Es ändert sich jedoch vorerst nichts und während ich darüber grübele, wie es wohl weiter gehen soll nach dem Verlust des Nichts, das mir ja wohl rein „zufällig" des Öfteren auf die Sprünge geholfen hatte, fällt mir zu allem Übel auch noch ein, dass ich ja die Herleitung der verallgemeinerten Schrödingergleichung, von der alle

Überlegungen ausgingen, bisher keineswegs aus meinen alten Aufzeichnungen rekonstruiert hatte. Lösungen und Ergebnisse, die mich euphorisch stimmten, hatte ich gefunden. Von der Gleichung war ich vollkommen überzeugt. Was aber, wenn ich nun nicht einmal die alten Überlegungen darlegen konnte?
Also lasse ich erst einmal die Allgemeine Relativitätstheorie Theorie sein und krame meine alten Aufzeichnungen hervor. Sie sind sämtlich in einer von mir noch vor dem Abitur erdachten Kurzschrift verfasst, genau wie sämtliche meiner Vorlesungsmitschriften während des Studiums, und ich kann sie tatsächlich noch ganz gut lesen. Seite für Seite gehe ich akribisch durch und bin nun erstaunt, mit welcher Ungeduld ich damals Gedanken vorzeitig verworfen, nicht sorgfältig zu Ende gedacht und damit das Ganze in seiner Verständlichkeit erschwert habe. Zwischen den fliegenden Blättern, die ich irgendwann zu nummerieren und ab August 1979 sogar mit Datum versehen hatte, liegt eine geschlossene Abhandlung (ohne praktische Anwendung oder gar Lösungen), die ich, daran kann ich mich noch erinnern, 1986 an einige Fachzeitschriften gesandt hatte, in der Hoffnung, irgendjemand würde die Sache schon begreifen und daraus etwas machen. Weit gefehlt! Sogar an eine Westzeitschrift hatte ich dieses Papier mit gleichem Erfolg geschickt. Das war politisch sehr unklug und hätte mich Kopf und Kragen kosten können, entweder aber blieb dies unbemerkt oder man sah es als Spinnerei eines Wirrkopfs an. In der Tat, ich kann heute damit auch nicht sehr viel anfangen, bis auf einen Teil, indem ich die Herleitung der Impulsbeziehung beschrieben hatte.
Diese Herleitung korrespondierte mit dem fliegenden Blatt Nummer 34 und dem Datum 28.07.1981 und ich konnte somit nun die Herleitung dieser Beziehung zu Papier bringen. Das war aber noch nicht die Herleitung der verallgemeinerten Schrödingergleichung, doch seit jenem Tag war ich überzeugt, es ist der richtige Weg.
Es sollte noch einige Zeit vergehen, bis das gelang. Beim weiteren Durchforschen der Blätter stoße ich in Blatt 44 dann auf einen sehr kurzen, dicht beschriebenen und leicht zu übersehenden Abschnitt mit der kaum identifizierbaren Überschrift „Ableitung zur Zeitabhängigkeit von Psi", natürlich in meiner Kurzschrift. Und da steht die verallgemeinerte Schrödingergleichung!
Nun kann ich die alte Herleitung nachvollziehen.
Leider ist im Blatt 44 kein Datum eingetragen, Blatt 43 ist vom 21.9.1982 und Blatt 45 vom 2.2.1983, also muss mir damals diese

Herleitung dazwischen gelungen sein, mehr als ein Jahr nach dem Auffinden der Impulsbeziehung, gäbe es das Nichts noch, würde es wahrscheinlich sagen, „nicht gerade eine Glanzleistung."
Alle weiteren Blätter bis zu Beginn der 90er Jahre sind vergebliche Lösungsversuche in Anwendung auf die Planetenabstände, denn dass für sie eine Erklärung mit den Gleichungen zu finden sein könnte, das vermutete ich von Anfang an.
Nun ist also alles da, weswegen ich mich zum Schreiben aufgerafft habe, genau genommen ist viel, viel mehr dabei herausgekommen, als ursprünglich erwartet und ich könnte mich zufrieden zurücklehnen, wenn da nicht auch diese Aussage gekommen wäre, dass der mechanische Drehimpuls sich nur um das Doppelte eines reduzierten Wirkungsquants ändern kann und dieser Wert genau dem prognostizierten Spin eines Gravitons entspräche. An Zufall kann ich nicht glauben. Ist das ein Hinweis, der berühmte ‚Wink mit dem Zaunpfahl', sollte sich eventuell ein Weg zur ART, der Allgemeinen Relativitätstheorie, auftun? Sicher bin ich, kein Physiker würde es unversucht lassen, nach diesem wenigstens im Rahmen seiner Möglichkeiten zu suchen, schließlich hat es sich bis in Laienkreise herumgesprochen, mit welch gewaltigem Geschütz die Naturwissenschaftler nach dem Zusammenhang zwischen Quanten- und Gravitationstheorie suchen, der sagenhaften Quantengravitation. Schon Einstein versuchte den Aufbau einer allumfassenden Feldtheorie, die von der Allgemeinheit vereinfacht, aber treffend, „Weltformel" genannt wurde.
Also kämpfe ich mich weiter durch die erwähnte Vorlesungsnachschrift zur ART und stoße des Öfteren auf Fehlerchen, Schreibschusseleien, die nicht gerade die Verständlichkeit fördern.
Und dann bin ich bei jenem Teil, wo beschrieben wird, wie gewissermaßen das Potenzial der Schwerkraft aus der Energie „herausgenommen" und in die Raummetrik verlagert wird. Die Raummetrik, das habe ich inzwischen begriffen, ist als Matrix geschrieben dafür verantwortlich, dass in beliebigen ihr zugeordneten Räumen eine physikalische Größe konstant bleibt. Noch klarer wird mir der Zusammenhang, weil die Herleitung auf dem gleichen Prinzip beruht wie die Herleitung der äquivalenten Beschreibungen der mechanischen Bewegungsgleichungen und auch der Herleitung der Geodätengleichung in beliebigen Räumen. Mit einem Schlag löst sich ein Problem, dass mir trotz meiner, wie ich denke, erfolgreichen Gleichungsherleitung und trotz der praktischen

Ergebnisse immer noch im Hinterkopf ein wenig Unbehagen bereitete. Ich hatte als mit Daten verifizierbare Lösung gefunden, dass eigentlich eine Art ebener Welle, also einer, die ohne Krafteinfluss vor sich geht, Lösung meiner Gleichung sein muss. In meiner Gleichung aber taucht die Energie (als Hamiltonoperator ‚H') auf und ausgerechnet darin darf kein Schwerkraftpotential stecken! Der Ausweg war, auch bei der ursprünglichen Ableitung der Gleichung, dass nur spezielle Lösungen an jeweils zwei diametralen Punkten existieren, die allerdings zur vollständigen Beschreibung der Geometrie von Kegelschnitten ausreichen. Besonderheit dieser Punkte ist, Schwerkraft und Zentrifugalkraft heben sich auch dort wie auf der gesamten Ellipsenbahn im Betrag gegenseitig auf, aber die radiale Impulskomponente verschwindet.
Jetzt habe ich die Erklärung vor mir. Will man mit meiner Gleichung Problemstellungen lösen, die mit der Gravitation zu tun haben, dann darf man nicht mit irgendwelchen Koordinatensystemen arbeiten, auch wenn sie dem Problem angepasst erscheinen - wie zum Beispiel die von mir bevorzugten Polarkoordinaten, womit ich mich zufällig bereits in einen dem Problem angepassten gekrümmten Raum begeben habe und so zur Lösung fand, sondern dann wird es zwingend, ein Koordinatensystem zu verwenden, das vom Gravitationspotential bestimmt wird, dann hat dieses Potenzial nichts mehr im Energieteil zu suchen, die Bahnen sind Geodäten, wenn keine gravitationsfremden Kräfte wirken. Diese Geodäten sind nicht nur die kürzeste Verbindung zwischen beliebigen Punkten im (durch die Gravitation gekrümmten) Raum, sondern auch völlig kräftefrei und im bewegten System selbst (das kann ein antriebsloses Raumschiff sein oder auch ein umlaufender Himmelskörper) stellt man keinerlei Geschwindigkeitsänderung, keine Kraftwirkung mehr fest, alles ist schwerelos. Meine Gleichung erzwingt, Energie nur als „reine" Energie im Sinne der einsteinschen Formel aufzufassen, die auf der „rechten" Gleichungsseite steht und die durch sie erzeugte Gravitation als den Raum formende Größe an allen Stellen der Gleichung, wo raumrelevante Dinge stehen und die Metrik des Raumes, auch Maßtensor genannt, die die Raumverformung beschreibt, eine Rolle spielt. Einfach ausgedrückt, wo Energie (oder wenn man so will „Masse") sich befindet, gibt es nur noch eine einzige Art Raum, nämlich den gekrümmten, und jeder Versuch, Gravitation in anderen Koordinatensystemen zu beschreiben, wird irgendwann auf Schwierigkeiten stoßen. Mir war

genau das passiert, als ich versuchte, mit meiner verallgemeinerten Schrödingergleichung in anderen Koordinaten Lösungen zu finden.
„Und wieso kann man dann zum Beispiel in einfachen euklidischen Koordinaten die Keplerschen Gesetze herleiten?“
Ich zucke zusammen, gleichzeitig durchfährt mich Freude und ich stammle, „ich denke, dachte, dir die verbotene Frage gestellt zu haben und du wärst für immer verschwunden?“
„Habe ich sie dir beantwortet? War ich etwa nicht weg? Von ‚immer‘ habe ich nie etwas gesagt, das ist der zweite Unterschied zu Lohengrin. Alles hing davon ab, ob du auch ohne mich weitermachst.“
„Ja, aber das ist ja …“, kann ich nur stottern.
„Beantworte lieber meine Frage.“
Es gibt nun keinen Zweifel, das Nichts ist zurück und ich überlege, wie die Frage lautete.
„Nun, es geht schon irgendwie, du hast ja gesehen, welche Klimmzüge ich machen musste, um doch an Lösungen zu gelangen. Ich fand nur Lösungen für jeweils zwei spezielle Punkte, die zum Glück zur Beschreibung reiner Kegelschnitte ausreichten. Zu einer wahrscheinlich vollständigen Lösung hätte ich aber das Schwerkraftpotential in die Raumform verlagern und im Energieterm weglassen müssen, das ist mir nun klar geworden, denn sonst ist nicht zu verstehen, wieso zum Beispiel ein Raumfahrzeug, das auf einer stark elliptischen Bahn die Erde umkreist und von der Erde aus gesehen auf seiner Bahn ständig beschleunigt und dann wieder gebremst wird, in seinem Inneren keinerlei Kraftwirkung wahrnimmt. Wir brauchen zur Erklärung als kompensierende Größe die Zentrifugalkraft. In Wirklichkeit aber bewegt sich das Gefährt auf einer Raumgeodäte, ohne Kraftwirkung, ohne Geschwindigkeitsänderung und immer auf der kürzesten Verbindung zweier seiner Bahnpunkte.“
„Na, gut“, das Nichts ist unzweifelhaft das Alte, „es funktionieren schon Beschreibungen in beliebigen Koordinatensystemen, zumindest, solange alles sehr langsam abläuft und wir nicht ganz genau hinsehen. Bei großen Geschwindigkeiten funktioniert es nicht mehr. Im Übrigen, ist dir klar, dass man mit entsprechenden Transformationen mathematisch auch im Geozentrischen Weltbild, dem Ptolemäischen, die Bahnen aller Objekte hätte richtig beschreiben können, so man die dazu nötige Mathematik schon gekannt hätte, und doch wäre es physikalisch deswegen nicht richtig.“

Dann sagt es, „und wie willst du weitermachen?“
Ich bin mir sicher, es hat großes Vergnügen, mit anzusehen, wie ich mich schwertue in dieser in ihrer mathematischen Beschreibung recht komplizierten Materie.
Dann begehe ich die Flucht nach vorn und sage, „mir ist immerhin klar geworden, dass alle Kräfte außer der Gravitation in meiner Gleichung im Hamiltonoperator auftauchen, wenn sie denn wirken, die Gravitation hingegen nur in der Krümmung des Raumes, also das zu wählende Koordinatensystem festlegt und somit ist Gravitation eigentlich keine zu den anderen Kräften vergleichbare Kraft, sondern eine durch Energie erzeugte Raum- und Zeiteigenschaft.“
„Und was ist deiner Meinung nach Trägheit?“, will es mich in die Enge treiben?
„Trägheit ist Energieänderung und damit Änderung in der Raumkrümmung. In der klassischen Betrachtungsweise haben wir zwischen träger und schwerer Masse unterschieden, obwohl wir sie immer schon gleich gesetzt haben, zum Beispiel bei der Schwingungsberechnung des Uhrpendels. Erst in der ART hat Einstein sie als Identität postuliert. Bist du mit meiner Erklärung einverstanden?“ Aber am Letzten zweifle ich. Und ich bin nun erstaunt, als das Nichts lediglich „ja, so einigermaßen“ sagt.
Das Nichts fährt fort. „Du weißt, dass du versuchen musst, einen Weg zu finden, von deiner Gleichung zur Form der ART-Gleichung zu gelangen oder einen anderen Weg zur Quantengravitation.“

„Nichts anderes habe ich in letzter Zeit versucht, als ich mich aus völliger Unkenntnis heraus mit der ART zu beschäftigen begann. Und du weißt hoffentlich noch, dass ich dazu Zeit brauche und nicht der Schnellste bin.“
„Das ist mir zur Genüge bekannt. Und, du kennst mich, ich bin die Geduld in Person.“
„Dein Wort in Go …“, schnell verschlucke ich den Rest des Satzes, er könnte zu nahe am Verbotenen liegen. Das will ich nicht noch einmal riskieren.
Doch ehe ich weiter darüber nachdenken kann, konfrontiert mich das Nichts mit einer seiner unangenehmen Fragen, „du hast mehrfach über gekrümmte Räume gesprochen, stell dir vor, ich wäre ein ahnungsloser Schüler und du solltest mir diesen gekrümmten Raum erklären.“

„Du bist aber kein Schüler“, versuche ich mit einem im Vorhinein zum Scheitern verurteilten Versuch, dem zu entgehen. Zwecklos!
Zuerst überlege ich, wie es am besten mit mathematischen Überlegungen wäre, aber dann fällt mir mein Enkel ein, für den Mathematik eine hinterhältige Erfindung bösartiger Menschen ist, einzig zu dem Zwecke erdacht, Schüler damit zu schikanieren, und ich stelle mir vor, ihm müsste ich einen gekrümmten Raum plausibel machen. Ich suche nach etwas Praktischem, das anschaulich ist und einem Schüler auch verständlich und nach einer Weile fällt mir der kardanisch aufgehängte Kreisel ein, den nicht nur mein Enkel kennt, und ich lege los.
„Mein liebes ahnungsloses Nichts, ich hoffe, du weißt, was ein kardanisch aufgehängter Kreisel ist“, es nickt unberührt, „und nun stell dir vor, der wäre so komfortabel, dass an seiner Achsenspitze eine ganz kleine helle Lampe einen Lichtstrahl in Achsenrichtung wirft. Mit diesem Kreisel setzt du dich, sagen wir in Dresden, in ein Flugzeug. Den Sicherheitskräften hast du glaubhaft machen können, dein Kreisel wird die Bordinstrumente nicht beeinträchtigen. Den Kreisel stellst du nun auf dein Board so, dass der Lichtpunkt auf eine ganz bestimmte Stelle an der Decke zeigt und wir stellen uns vor, er drehe sich schnell und nichts würde ihn abbremsen. Dein Flugzeug fliege zum Beispiel nur nach Berlin, was ökologisch zwar unsinnig, aber für die Problemveranschaulichung durchaus ausreichend ist. Nach der Landung schaust du nun nach dem Lichtpunkt und was siehst du?“, jetzt drehe ich den Fragespieß um.
„Blöde Frage, sage ich als Schüler, der ist, wo er immer war, sehe aber in Wirklichkeit, er ist ein Stückchen weg gewandert. Ist ja wohl klar, die Erde ist keine Scheibe.“
„Sehr gut, setzen“, benote ich, „geflogen bist du in einem Raum, in diesem Falle dem Luftraum, nicht sehr hoch, aber weit, und dein Kreisel sagt dir, dass das ein gekrümmter Raum sein muss, sonst würde der Lichtpunkt noch am alten Fleck verharren.“
„Gar nicht schlecht, das könnte auch dein Enkel begreifen“, lobt das Nichts.
„Ich setze sogar noch einen drauf und erkläre den Unterschied zu einem flach und einem nicht flach gekrümmten Raum, was sagst du dazu?“
„Bin gespannt.“
„Ich sage zu meinem Enkel, hol mal deinen halb luftleeren alten Ball aus dem Garten. Dann nehme ich eine Schere und schneide vor

seinen großen Augen und unter Protest ein großes Stück heraus und sage, nun versuch mal, dieses Stück ordentlich, schön flach und glatt auf den Tisch zu legen. Er wird mich ansehen, vielleicht mit seiner Zeigefingerspitze an eine bestimmte Stelle seines Kopfes tippen und erklären, dass das, ohne dass es Falten gibt, nicht geht, weil der Ball schließlich mal rund war. Gut, sage ich, nimm ein Blatt Papier und rolle es. Dann meine Frage, ist das gerollte Papier nicht auch rund? Er sieht mich an und ich ahne, meine Großvaterwürde steht auf dem Spiel. Ist ja wohl was ganz anderes. Ja sage ich, die Balloberfläche ist ein gekrümmter nicht flacher Raum und das Papier ein flacher Raum, der gerollt auch krumm sein kann"
„Wieso Raum, ist doch beides nur eine Fläche, wird dein Enkel dann fragen."
„Ja, sage ich darauf, eine Fläche ist ein zweidimensionaler Raum und kennt nur Länge und Breite."
„Ha", sagt das Nichts, „dann wird er fragen, ob es auch einen eindimensionalen Raum gibt und wie es da wohl wäre."
Darauf hatte ich gewartet, „ganz einfach, ein gerader oder auch gebogener Stab ist eindeutig ein gekrümmter flacher Raum mit nur einer Dimension, Länge genannt, falls du diesen Begriff schon einmal gehört haben solltest."
„Dann bin ich aber sehr auf den gekrümmten, *nicht* flachen Raum mit nur einer Dimension gespannt."
„Gut, nimm ein Stück Seil. Gerade gezogen oder irgendwie geschlängelt daliegend ist es ein flacher gekrümmter Raum mit einer Dimension. Nun nähe die beiden Enden schön sorgfältig aneinander, nachdem du vorher einen Knoten hineingemacht hast und aus dem flachen wird ein nicht flacher eindimensionaler gekrümmter Raum."
Eine Weile ist Ruhe, dann sagt das Nichts, „bestanden."
‚Gott sei …', will ich sagen, verschlucke aber diese Rede, ehe der Gedanke meine Zunge in Bewegung setzt. Sicher ist sicher!
„Kehren wir zur eigentlichen Problemstellung zurück", übergeht das Nichts meinen Gedankengang, den es ganz bestimmt mitbekommen hat, „und ich will dir Zeit lassen."
‚Aha', denke ich, dann muss aus Sicht des Nichts etwas dahinter stecken und wie des Öfteren schon bin ich indirekt aufgefordert, ernsthaft über die letzten Diskussionen nachzusinnen.
‚Du musst versuchen, einen Weg zu finden, von deiner Gleichung zur Form der einsteinschen ART-Gleichung zu gelangen oder einen anderen Weg zur Quantengravitation', das war wohl der wesentliche

Hinweis, den das Nichts zu geben bereit war, und mir ist klar, der Ball liegt jetzt allein bei mir. Ich mache mich an die Arbeit. Dass es Wochen, vielleicht Monate dauern kann, schreckt mich inzwischen nicht mehr. Jeden Tag verstehe ich die Vorgehensweise bei Rechnungen mit der Allgemeinen Relativitätstheorie (ART) etwas besser. So genial einfach ihr Grundgedanke auch ist - Energie krümmt Raum und Zeit: fertig - so kompliziert ist es, mit ihr zu rechnen und wie immer steckt der Teufel im Detail. Von meiner Gleichung auf irgendeinem Weg direkt zur ART zu gelangen, erscheint mir nun nicht mehr so einfach. Also beschäftige ich mich mit Lösungsbeschreibungen wie der Periheldrehung, der Lichtablenkung, den Geodäten. Irgendwann stoße ich dabei fast zwangsläufig auf die Ableitung der Schwarzschildmetrik [14)] und muss auch hier einiges an Zeit investieren, aber wie mir schon manchmal geschehen, habe ich plötzlich einen ‚Aha'-Effekt. Karl Schwarzschild (1873-1916) hatte herausgefunden, dass es beim Ableiten der Metrik über eine entsprechende auf die Gravitation zugeschnittene Lagrangefunktion in zwei Matrixgliedern ab einem bestimmten Radius zu Unverträglichkeiten kommt und man unterhalb dieses nach ihm benannten Radius keine Aussagen mehr machen kann und nicht einmal Licht ihm entkommen kann, der ‚Ereignishorizont' war geboren und damit die Theorie der ‚Schwarzen Löcher'.
Das war es!
Der ‚Schwarzschildradius' enthält außer Naturkonstanten (Gravitationskonstante, Lichtgeschwindigkeit) nur die zentrale Masse (oder Energie) und mir fiel ein, auch der Drehimpuls in einem kugelsymmetrischen Gravitationsfeld enthält neben der Gravitationskonstanten nur Radius, Zentralmasse und beim Bahndrehimpuls noch die umlaufende Masse.
Nun war ein Weg zur Quantengravitation aufgetan. Ich musste in der Schwarzschildmetrik nur den Schwarzschildradius benutzen, um den Drehimpuls in die Metrik einzubeziehen und dann den schon beschriebenen Zusammenhang, der sich durch Vergleich meiner Gleichung mit der Schrödingergleichung zwangsläufig zwischen Drehimpuls und Wirkungsquantum ergab, nutzen, um letzteres in die Metrik einzubinden und den kleinstmöglichen Wert des Drehimpulses, also das reduzierte Wirkungsquantum selbst, einzustellen. Was damit nun in der Metrik steht, muss zumindest für den Schwarzschildraum bei Anwendung auf die **unveränderte** Glei-

chung der ART die Quantengravitation (für dieses Raummodell) sein.
Hatte das Nichts das gemeint, als es vom anderen Weg sprach?
Genau wie schon in der Schwarzschildmetrik ergibt sich auch in dieser ‚quantifizierten' Metrik ein neuer Ereignishorizont, der als absolute untere Schranke aller möglichen schwarzschildscher Ereignishorizonte angesehen werden muss, da es keinen vom Wert her kleineren Drehimpuls als das Plancksche Wirkungsquantum selbst geben kann und es ergeben sich auch Grenzwertaussagen zu Massen.
„Hmm …", sagt das Nichts, „da bist du auf ein Terrain vorgestoßen, das wohl noch viele Fragen aufwirft und das kaum überprüfbar ist, da offensichtlich Zustände unterhalb des Schwarzschildradius angesprochen sind."
„Da muss ich dir leider recht geben, aber du, der von Vielem das Kleinste sein will, solltest dich eigentlich mit so was wie einem kleinstmöglichen Radius der Materie auskennen."
„Kenne ich auch, aber es ist eben kein konstanter Wert, sondern ein von der Materiemenge abhängiger und wenn ich mich damit identifiziere bin ich in diesem Teil ein variables Wesen, was mir nicht sonderlich behagt, verstehst du?"
„Na gut", sage ich, etwas beliebig Veränderliches würde ich auch nicht sein wollen und mache den Vorschlag, „reden wir über etwas anderes."
„??? ..."

„Entsinnst du dich, vor längerer Zeit wolltest du einen Namen für die Theorie zu meiner Gleichung, der abgewandelten oder verallgemeinerten Schrödingergleichung?"
„Ist dir einer eingefallen?"
„Ich habe darüber nachgedacht, ins Griechische und Lateinische geschaut, auch im Englischen habe ich gesucht und bin erst einmal bei dem Begriff ‚Iungitheorie' gelandet, was meinst du?"
„Ein blöder Begriff, entschuldige, Besseres ist dir nicht eingefallen?"
„Der Name stammt vom lateinischen Wort ‚iungere' ab, was soviel wie ‚vereinen' oder ‚verbinden' bedeutet und ist davon die Befehlsform", verteidige ich mich, „und du musst doch zugeben, dass die Gleichung eine Verbindung zwischen der Welt des Kleinsten und der Welt im Großen darstellt."

„Schon, aber warum bleibst du nicht bei deutschen Begriffen? Musst du unbedingt ‚verfremdworteln'?"
„Habe ich auch gedacht und dann ist mir der Begriff ‚Makroquantenphysik' eingefallen, was sagst du?"
„Besser. Es wird sich zeigen, ob sich diese Bezeichnung durchsetzt", bleibt das Nichts skeptisch.
Dann sagt das Nichts unvermittelt, „ich glaube, du treibst dich jetzt lieber auf Nebenschauplätzen herum, als das Eigentliche anzugehen."
„Und was wäre das Eigentliche?"
„Du weißt es selbst, du solltest dich daran machen und versuchen aus deiner Gleichung eine direkte mathematische Ableitung hin zur einsteinschen Gleichung der Allgemeinen Relativitätstheorie anzugehen."
Es hat mich auf dem linken Fuß erwischt und zögerlich gestehe ich, „das weiß ich auch, aber mir fehlt dazu ehrlich gesagt ein wenig von allem, Mut, Lust, Zeit und besonders steht mir der innere Schweinehund im Weg und ich bin auch nicht hundertprozentig davon überzeugt, dass *mir* das gelingen kann."
„Gut", sagt es lapidar, „dann komme ich wieder, wenn du den inneren Schweinehund geschlachtet hast."
‚Tschüss' aus Widerspruchsgeist, aber völlig unpassend zu sagen, kann ich gerade noch unterdrücken und mir wird augenblicklich klar, das Nichts werde ich wohl sehr wahrscheinlich nicht so schnell wieder sehen, ohne mich dem Problem zu stellen.
Die Zukunft wird es zeigen.
Immerhin kann ich eine klare Formulierung treffen, die ich ‚Das 4. Keplersche Gesetz' nennen möchte:
Himmelskörper (Planeten, Monde, natürliche Satelliten), die zentrale Objekte umlaufen, bewegen sich auf oder zwischen den äquidistanten Maxima von ***ebenen*** *Wahrscheinlichkeitsdichtewellen in einem vom Zentralobjekt gekrümmten Raum, dessen Raum- und Zeitkrümmung den Forderungen der Allgemeinen Relativitätstheorie entspricht. Das (Gravitations-)Potenzial ist nur in Größen enthalten, die die Krümmungen bestimmen, nicht mehr in der Energie (Hamiltonoperator). Die mittlere nach Belegungsanteil gewichtete Wellenlänge aller Satelliten nimmt nichtlinear mit der Zentralmasse zu (im Sonnensystem etwa mit einem Zentralmasseexponenten von „$\pi / 4$").*

Und weitere sehr wichtige Aussagen ergeben sich. Meine Gleichungen, welche die Theorie beschreiben, habe ich **ausschließlich** mithilfe der klassischen Newtonschen Mechanik hergeleitet unter Nutzung der Keplerschen Gesetze und der hamiltonschen Gleichungen, die aus dem Eulerschen Minimalprinzip über die Lagrangegleichungen sich ergeben. Und wenn das möglich war und bisher nicht geschehen ist, es wäre auch schon vor über hundertfünfzig Jahren möglich gewesen, dann ist meine Theorie nicht nur Bestandteil der Newtonschen Mechanik, dann war es **falsch**, die Newtonsche Mechanik als vollendet zu betrachten, denn es fehlte ein wesentlicher Teil, den die Physiker einfach abzuleiten **vergessen** haben. Und dann wäre es auch nicht zu mitunter falschen Aussagen gekommen, wie sie heute das Denken im sogenannten ‚Mainstream' der Theoretischen Physik bestimmen. Ich zitiere hier die Aussage des Physiknobelpreisträgers (1979) Steven Weinberg, die er in einem Interview machte, das er der Teilchenphysikerin S. Hossenfelder gewährte und welches sie in ihrem Buch „Das hässliche Universum" [2)] veröffentlicht hat. Weinberg sagt dort:
„So wie Astronomen früher versucht haben, eine tragfähige Theorie des Sonnensystems müsste so beschaffen sein, dass sich Merkur, Mars und Venus natürlicherweise dort befänden, wo sie sind. Und Kepler versuchte, eine solche Theorie aufzustellen, basierend auf einem geometrischen Bild, das platonische Körper enthielt.
Aber wir wissen heute, dass wir nicht nach solchen Theorien suchen sollten, weil die Entfernungen der Planeten von der Sonne nichts Natürliches haben. Sie sind, was sie sind, aufgrund von historischen Zufällen."
Ist es da verwunderlich, dass niemand gegen ein Schwergewicht wie Weinberg andenken will? Kepler hat nach einer Theorie der Bahnabstände gesucht, weil er an eine harmonische Schöpfung glaubte. Harmonischer als sie sich tatsächlich verhalten, wie ich hoffe, ausführlich gezeigt zu haben, wenn Sinus- und Kosinus-Wellen das Geschehen bestimmen, kann es gar nicht sein!
Kepler fehlten die mathematischen Mittel, aber er hatte recht.
Man hätte auch nicht 2006 den Fehler begehen müssen, Pluto aus der Gilde der Planeten auszuschließen. Pluto ist der Planet mit den geringsten Störungen seiner Apsidenlagen, gehört eindeutig zur Gruppe Saturn, Uranus und Neptun. Pluto ist ein Doppelplanet, denn Charon ist kein Mond, er ist unproportional groß und er verletzt das dritte Keplersche Gesetz. Charon ist ein von Pluto

eingefangener ehemaliger Nachbarplanet (ursprünglich mit gleichem mittlerem Abstand von der Sonne wie Pluto selbst).
Auch die abnorme Achslage des Uranus wäre längst klar geworden (Karambolage mit seinem einstigen Nachbarplaneten). Ebenso müsste man nicht weiter um Größe und Ursprung des Mondes diskutieren, denn auch unsere Erde ist ein Doppelplanet.
Das am Anfang ungestörte, vollkommen harmonisch gestaltete Sonnensystem hat durch die ‚vorprogrammierten' Zusammenstöße und/oder Einfänge so großer Himmelskörper nun natürlich Abweichungen aufzuweisen, die sich unschwer nachvollziehen lassen, wie die nachfolgenden Tabellen zeigen.
Ferner zeigt sich, dass es in der Korrespondenz zwischen klassischer Mechanik und Quantentheorie einen klaren mathematisch fassbaren Zusammenhang gibt und diese Korrespondenz nicht nur durch Grenzwertbildungen, wie ich seinerzeit im Studium gelernt habe, zu vollziehen ist.
Noch wesentlicher scheint mir aber, dass die notwendige Anpassung der von mir abgeleiteten verallgemeinerten Schrödingergleichung an die Spezielle Relativitätstheorie, egal ob man einen analogen Weg wie ehemals Paul Dirac wählt oder einen anderen, stets auf die Möglichkeit negativer Energie hinweist und diese, so hoffe ich gezeigt zu haben, genau die Eigenschaften aufweist, die man heutzutage der Dunklen Energie zuweist und helfen könnte bisherige Rätsel aufzuklären.
Selbst wenn es mir bisher nicht gelungen ist, einen sauberen mathematischen Zusammenhang zur einsteinschen Gleichung der Allgemeinen Relativitätstheorie herzuleiten, so bietet doch der Zusammenhang zwischen Bahndrehimpulswert und reduziertem Planckschem Wirkungsquantum eine Möglichkeit, aus Lösungen der ART auf Zustände in der Quantengravitation zu schließen.
Nun zurück zu den Planetendaten.
Die Wahrscheinlichkeitsdichte als Lösung der Makroquantentheoriegleichungen (Quadrate von Sinus- und Kosinuswellen) liefert für die Planetenbahnen die Maxima-Lagen (fett gekennzeichnete Zählung) für alle Apsidenwerte in **A**stronomischen **E**inheiten (es wird für alle Objekte eine einheitliche Darstellung als KOSINUS^2 - Welle gewählt: p = Periapside = Perihel = Nahpunkt; a = Apoapside = Aphel = Fernpunkt).

Vermutete Ursprungsbahnen an Fehlstellen sind schräg markiert! Die mittleren Abstände ergeben sich rein rechnerisch und tragen zur Aussage nichts bei ...

Äußere Planeten: Tabelle ihrer Apsidenwerte (astronomische und theoretisch ermittelte im Vergleich)

Planet		Astron. Wert in AE	Theor. Wert in AE	Wellenlängenparameter, Fremdwelleneinfluss und Störungseinfluss in AE			Diff. in AE	in %
				Hauptwellenlänge $\pi^2/2$ ↓	Fremdwelleneinfluss **n/6** bzw. **(n+1/2)/6** ↓	Störeinfluss (Mond-Erde) ↓ **n/60 bzw. (n+1/2)/60**		
Pluto	a	49.304	49.306	**10** $\pi^2/2$		-2.5/60	0.002	0.004
	p	29.658	29.659	**6** $\pi^2/2$		+ 3/60	0.001	0.003
Charon	a		44.413	**9** $\pi^2/2$				
	p		34.544	**7** $\pi^2/2$				
Neptun	a	30.386	30.384	**6** $\pi^2/2$	+ 4.5/6	+1.5/60	0.002	0.007
	p	29.709	29.709	**6** $\pi^2/2$		+ 6/60	~0	~0
Uranus	a	20.078	20.081	**4** $\pi^2/2$	+ 2.5/6	- 4.5/60	0.003	0.014
	p	18.124	18.123	**4** $\pi^2/2$	- 9.5/6	- 2/60	0.002	0.008
NN	a		24,674	**5** $\pi^2/2$				
	p		14,804	**3** $\pi^2/2$				
Saturn	a	10.124	10.120	**2** $\pi^2/2$	+ 1.5/6		0.004	0.043
	p	9.041	9.036	**2** $\pi^2/2$	- 5/6		0.005	0.052
Jupiter	a	5.459	5.460	**1** $\pi^2/2$	+ 3/6	+ 1.5/60	0.001	0.015
	p	4.950	4.960	**1** $\pi^2/2$		+ 1.5/60	0.010	0.198

Innere Planeten: Tabelle ihrer Apsidenwerte (astronomische und theoretisch ermittelte im Vergleich)

Planet		Astron. Wert in AE	Theor. Wert in AE	Wellenlängenparameter und Störungseinfluss in AE			Diff. in AE	%
				Hauptwellenlänge **1/6** ↓	Fremdwelleneinfluss ↓	Störeinfluss (Mond-Erde) ↓ **n/60** bzw. **(n+1/2)/60**		
Mars	a	1.6660	1.6667	**10/6**			0.0007	0.040
	p	1.3811	1.3833	**8/6**		+ 3/60	0.0022	0.162
Mond	a		1.1667	**7/6**				
	p		0.8333	**5/6**				
Erde	a	1.0167	1.0167	**6/6**		**+ 1/60**	~0	0.003
	p	0.9833	0.9833	**6/6**		**- 1/60**	~0	0.003
Venus	a	0.7282	0.7250	**4/6**		+ 3.5/60	0.0032	0.439
	p	0.7184	0.7167	**4/6**		+ 3/60	0.0017	0.241
Merkur	a	0.4667	0.4667	**3/6**		- 2/60	~0	0.007
	p	0.3075	0.3083	**2/6**		- 1.5/60	0.0008	0.271
Sonne a, p		0	0	**0**				

Sind die berechneten Daten aller Apsiden der Planeten, die aus der Gleichungslösung der Makroquantenphysik folgen, nicht überzeugend?
Mag jeder selbst urteilen.
Diese Werte verifizieren die Theorie, denke ich, denn von 18 möglichen Werten (Apsidenentfernungen von der Sonne) weicht

keiner mehr als 0.44 % vom astronomisch ermittelten Wert - NASA-Werte [15)] - ab, mit einer mittleren Abweichung von 0.1 %. Und dazu sind nur drei Wirkungen notwendig, die zwei der Theorie folgenden Wellenlängen (1/6 und $\pi^2/2$ AE), wobei die Wechselwirkung der kleineren in der größeren zu sehen ist und die durch das Mond-Erde-Ereignis hervorgerufene Störung. Somit darf man folgern:

Die Makroquantentheorie weist ihre Berechtigung damit nach.
Ein wichtiger Teil der Newtonschen Physik wurde vergessen, und diese war bei weitem nicht vollendet.
Die Makroquantentheorie selbst aber hat weitreichende Konsequenzen auf viele Fragen der modernen Physik.

Ich zögere dennoch, die Newtonsche Mechanik nach ihrer Ergänzung um die Makroquantenphysik als vollendet anzusehen.

So weit, so gut. Wie soll es für mich nun weiter gehen? Die mathematische Beweisführung, wie man aus meiner Gleichung zur einsteinschen Gleichung der Allgemeinen Relativitätstheorie kommt, lasse ich am besten erst einmal sein. Ich könnte, kommt mir die Idee, das bisher Erreichte veröffentlichen. Es scheint mir zumindest für Astronomen und Physiker interessant. Und wenn ich dem Ganzen noch einen schönen allgemein verständlichen Text voranstelle, den, falls mir das gelingt, auch ein jedermann verstehen könnte, sollte das auch auf allgemeines Interesse stoßen. Zwei Bücher ganz anderer Natur habe ich veröffentlicht – und die Kosten selbst getragen. Diesmal ist es nicht nur etwas Unterhaltendes, sondern Nützliches und Neues, also wird sich leicht ein Verlag finden lassen, bin ich frohen Mutes.

Erspart mir zu beschreiben, was ich alles versucht habe!

Hinz- und Kunzverlage habe ich angeschrieben, Exposees verfasst, kurze Beschreibungen, E-Mails in unermesslicher Anzahl geschrieben. Ein einziger Verlag aus München hat sich gemeldet. Er zeigte sich an der Thematik interessiert. Ein Mitarbeiter hat mir aber in einem langen Telefonat klargemacht: Wissenschaft und Populärwissenschaft in einem Buch, das geht gar nicht, weil die Wissenschaftler, so sie dabei auf Populärwissenschaftliches stoßen, das Ganze naserümpfend weglegen werden und die Nichtwissenschaftler, sobald sie Formeln sehen, desgleichen.

Es ist also nicht wie ich dachte, dann werden sowohl die einen als auch die anderen sich dafür interessieren, sondern weder noch.

Das muss ich einsehen.
Außerdem macht mir der Verlagsmitarbeiter deutlich, unvernetzt wie ich bin, geht in der heutigen Zeit gar nichts.
Also muss ich mein „Werk“ zerteilen und mich irgendwie vernetzen.
Zunächst beschließe ich, den rein wissenschaftlichen Teil zu veröffentlichen und Interessierte dafür zu finden. Wissenschaftsjournalisten, egal ob bekannt oder unbekannter, zeigen keinerlei Interesse. Manche reagieren wenigstens, erklären aber anderer Themen wegen so überlastet zu sein, dass ihnen für meine Dinge keine Zeit bleibt.
Wissenschaftler, die von Faches wegen interessiert sein sollten, reagieren auf E-Mails Unbekannter überhaupt nicht.
Mir wird klar, ich bin ein „No-Name“ und nicht Teil des wissenschaftlichen Mainstreams. Schlimmer noch, nicht mal das Gegenteil von Mainstream, nicht mal eine Subkultur bin ich – ich, der Einzelgänger. Je mehr ich mich mühe, stoße ich auf Meinungen wirklich bedeutender Leute, die die Ansicht vertreten, nach einer physikalischen Ursache für die Abstandsverteilung von Planeten oder deren Monden zu suchen, sei reine Zeitverschwendung, alles sei nichts als historischer Zufall.[2)]
Wieso habe ich dann eine physikalisch begründetet Ursache gefunden? Hinzu kommt noch, viele daraus abgeleiteten Aussagen widersprechen der gegenwärtigen Wissenschaftsmeinung.

Pluto *ist für mich unbestreitbar ein Planet, und was für einer! Seine Größe spielt dabei gar keine Rolle. Er ist sogar ein Doppelplanet.*
Schwarze Löcher *können keine Singularitäten sein!*
Es gibt ***kleinstmögliche Schwarze Löcher*** *...*
Ich muss zu dem Schluss kommen, wir werden am größten Ringbeschleuniger beim CERN nicht auf die Erklärung für die ***Dunkle Materie*** *stoßen, weil sie möglicherweise von Dingen her rührt, die ca. 20 Größenordnungen oberhalb der uns zugänglichen Energien liegen.*
Der ***Mond*** *hat etwas mit unserem ehemaligen Nachbarplaneten zu tun, wahrscheinlich ist er es noch in ursprünglicher Form.*
Die ***Gravitation lässt sich nicht mit den drei anderen Grundkräften vereinigen****, sie wirkt nur in Krümmung von Zeit und Raum, nicht wie die drei anderen als durch Austauschteilchen hervorgerufene Kraft.*

Es muss ***negative Energie*** *geben, die mit der* ***Dunklen Energie*** *identisch ist.*

Das alles sind nur einige willkürliche Beispiele dafür, dass gar kein renommierter Wissenschaftler zugeben kann, sich für so etwas zu interessieren, will er nicht zum „Enfant terrible" in seiner Wissenschaft mutieren.
So stehe ich nun da mit meiner Theorie, die ich „Makroquantentheorie" genannt habe, ein Name, der mir, wenn ich das so sagen darf, nicht besonders gefällt, aber wohl das „Wesentliche" trifft. In den mathematischen Herleitungen finde ich keinen Fehler, die Übereinstimmung mit astronomischen Daten ist verblüffend, die Analogie meiner Gleichungen zu etablierten Theorien der Physik ist überzeugend, ich finde, so sehr ich auch suche, keinen einzigen Widerspruch zu bekannten Aussagen und Ergebnissen. Dass ich meiner Zeit voraus sein soll, scheint mir völlig abwegig. Woran liegt es nun, dass es mir nicht gelingt, irgendjemanden dafür zu interessieren?
Ich versuche, mich zu vernetzen. Vielleicht hilft das.
Als Erstes brauche ich eine eigene Homepage und habe zunächst keine Ahnung wie man dazu kommt. Schnell entdecke ich, das Internet hat einiges zu bieten. Man kann sich eine Domain zulegen, ganz einfach, aber mit Kosten verbunden. Dann entdecke ich ein kostenloses Baukastensystem, mit dem man sich eine Website leicht aufbauen kann, die man nur noch mit der Domain verbinden muss. Also kaufe ich mir eine Domain und lege mit dem Baukastensystem los. Schnell merke ich, die Freiheitsgrade sind sehr eingeschränkt, Schrifttypen nur wenige, Blocksatz geht nicht, Bilder einfügen einfach, aber kaum Variationsmöglichkeiten. So mache ich alles erstmal mit üblichen Textprogrammen, wo ich alle Gestaltungsmöglichkeiten habe, wandele den Text in ein Bild um und füge Bild an Bild seitenweise in die Website ein. Nun sieht es in etwa so aus wie ich es mir vorstelle. Freilich muss ich die Bildmaße einhalten und manches ist auch umständlich. Dann aber kann ich mein Werk mit der Domain verbinden und habe eine eigene Homepage im Internet. Dachte ich. Es stellt sich heraus, meine Domain gehört einem anderen Provider und es gelingt mir nicht, eine Verbindung herzustellen. Ich lege mir eine weitere Domain bei meinem Baukastenlieferanten zu, nun klappt es und ich habe zusätzliche Kosten. Trotzdem bin ich erfreut. Bin ich nun vernetzt?

Allen teile ich meine Web-Adresse mit, von denen ich denke, es könnte sie interessieren.
Tochter, Schwiegersohn, Enkeltochter und Schwiegerenkel sind auch Physiker, aber sie signalisieren, meine Themen sind nicht die ihren, sie sind ‚Nanophysiker' und keine Astronomen und Makroquantenphysik ist weit weg von der Nanowelt. Das muss ich akzeptieren.
Von meinen ehemaligen Kommilitonen reagieren nur zwei, einer würde vielleicht, aber die Augen machen nicht mehr mit, der andere erkennt, was meine Arbeit bedeutet, will sich jedoch nicht mehr mit Physik befassen, lieber mit Gewächsen, Gedichtchen und allem Möglichen. Bei meinen ehemaligen Klassenkameraden erwarte ich kein Interesse, will sie aber wenigstens informieren. Immerhin melden sich drei! Einer meint, für den Nobelpreis wäre ich ganz sicher zu alt, wenn überhaupt, was er nicht so recht beurteilen könne.
Der zweite, den ich früher schon für den mathematisch Begabtesten gehalten habe, kommentiert ein wenig, aber er ist weder Physiker noch Astronom und hat andere Probleme.
Völlig überraschend aber meldet sich eine Klassenkameradin. Sie hat sich damit auseinandergesetzt und ich muss nachträglich Abbitte leisten, dass ich ihr das nicht zugetraut hätte. Sie aktiviert sogar Familienmitglieder. Das rechne ich ihr hoch an.
Fachlich kundige Gesprächspartner aber finde ich so nicht, lediglich ein ehemaliger Kollege, auch Physiker, diskutiert mit mir über meine Theorie, aber Zugang zum Mainstream der Wissenschaft hat er auch nicht. Noch hoffe ich, dass sich auf meine Homepage hin jemand melden wird.
Es ist Geduld gefordert.
In der Zwischenzeit will ich am Thema Gravitation weiterarbeiten, hatte doch meine Makroquantentheorie einen Anknüpfungspunkt geliefert.
Dabei fällt mir auf, dass ich in der Homepage eine Kleinigkeit korrigieren müsste. Also rufe ich den ein paar Wochen ungenutzten Baukasteneditor auf und traue meinen Augen nicht. Es ist nur ein uralter Zustand greifbar, ich müsste Monate an Arbeit nachholen, um auch nur die kleinste Kleinigkeit zu ändern.
Vielleicht kann ich in der gleichen Zeit stattdessen das Erstellen von Websites erlernen und habe dann alle Freiheiten, schließlich habe ich schon so viele Programmiersprachen in meinem Berufsleben erlernt, eine mehr oder weniger sollte nicht das Problem sein.

Der Zeitverlust auf meinem Vernetzungsweg freilich bleibt.
Reagiert hat auf die eingefrorene Homepage bis auf Bekannte niemand.
Mir ist, nachdem ich den Beschluss zur selbst programmierten Homepage gefasst habe, als würde hinter meinem Rücken etwas hämisch grinsen. Ruckartig drehe ich mich um. Nichts!
„Du solltest wissen, egal ob du dich umdrehst, Salto oder Kopfstand machst, mich kannst du nicht sehen“, das Nichts ist wieder da.
„Ich dachte, du wolltest auf das Hinscheiden meines inneren Schweinehu …“, weiter komme ich nicht.
„Ich bin spontan und auf jeden Fall für dich unberechenbar.“
„Hmm …“, im Grunde bin ich froh, wenigstens einen Gesprächspartner zu haben.
„Was willst du machen? Ich hätte dir sagen können, wie schwierig es für dich sein wird, Fachleute für deine Arbeiten zu interessieren.“
„Und warum hast du mich nicht gewarnt?“
„Das brächte nichts. Außerdem hättest du es dir selbst überlegen können. Es ist doch ganz einfach. Die Wissenschaftler sind heute in Projekte eingebunden, die zum einen mühevoll auf den Weg gebracht werden müssen und zum anderen kaum etwas mit deiner Thematik zu tun haben. So hat niemand Zeit, sich mit Dingen zu befassen, die fernab liegen. Obendrein haben sie ja nichts davon.
Betrachte deine Themen einmal anders. Das Keplerproblem ist seit 400 Jahren ungelöst und heute glauben viele, und zwar bedeutende Wissenschaftler, es existiere gar nicht, alles sei einfach Zufall. Das ist die Meinung des Mainstreams der Wissenschaft. Du allein bist überzeugt, es gelöst zu haben.
Oder deine Überlegungen zur Quantengravitation. Was du da gefunden hast, liegt so weit ab von allen Ideen, die man untersucht, um Erklärungen für die Dunkle Materie zum Beispiel zu finden. Sie suchen im Dunstkreis des Standardmodells der Teilchenphysik nach Erklärungen und da kommt einer und sagt, ihr werdet dort nichts finden und baut ein theoretisches Gebäude auf, was jenseits jeder Überprüfbarkeit liegt.“
„Ist es denn falsch?“
„Ich glaube nicht, denn es erklärt sehr viel und zeigt keinerlei Widersprüche zu dem, was man bisher weiß. Überprüfbar ist es jedoch nicht.“
„Es kann aber doch sein, dass Dinge der Natur uns unzugänglich sind und voraussichtlich auch bleiben werden und wir allein aus

logischen Überlegungen, die physikalisch begründet und mathematisch formuliert sind, uns eine Beschreibung dieser Dinge aufbauen können."
„Ja, so ist es. Aber nun kommt ausgerechnet einer wie du, unbekannt, keine wissenschaftlichen Meriten, miserabel vernetzt, und behauptet, den Stein der Weisen gefunden zu haben. Glaubst du tatsächlich, irgendein Wissenschaftler, der einen Ruf zu verlieren hat, wird sich damit beschäftigen oder gar darüber äußern?"
„Egal ob ich das glaube, die Praxis scheint es zu bestätigen", gebe ich klein bei.
„Wenn du Glück hast, werden sich vielleicht einige heimlich damit beschäftigen, so sie denn zufällig darauf stoßen."
„Und was schlägst du vor, soll ich tun?"
„Geduld haben und immer wieder versuchen, deine Ideen bekannt zu machen. Wie viel Jahre hast du gebraucht, um die richtige Lösung der Gleichung deiner Makroquantentheorie zu finden?"
„So viele Jahre habe ich aber nicht mehr!"
„Weiß ich. Wenn deine Theorien richtig sind, was ich durchaus auch glaube, wird man wohl oder übel irgendwann darauf stoßen. Glaub mir, wenn die Forschung immer wieder auf Strukturen in protostellaren Systemen stoßen wird, wie jetzt allerdings nur in einem Fall beim System HL-Tauri, bleibt gar nichts anderes übrig als nach den Ursachen zu suchen. Und, sag selbst, wird es für ein solches Problem mehrere verschiedenartige Lösungen geben können?"
„Das denke ich nicht."
„Na, also. Und wenn deine Überlegungen zu Schwarzen Löchern, der Dunklen Materie und der Dunklen Energie richtig sind, wovon auch ich ausgehe, dann werden sie auf ihrem jetzigen Weg keine brauchbaren Erklärungen finden. Und schon gar nicht die Existenz der dafür notwendigen Dinge experimentell nachweisen können.
Freilich, die Wissenschaft ist beharrlich. Sie werden mit zunehmendem Aufwand, steigenden Kosten lange Zeit noch erfolglos auf dem einmal eingeschlagenen Weg fortfahren, weil, wie deine Überlegungen klarmachen, das technisch nicht Nachweisbare eine verbleibende Hoffnung offen lässt. Und ich sage dir auch, warum es in der Natur technisch nicht Machbares geben muss und es sehr weise in diesem Falle so eingerichtet ist. Der Mensch, darin wirst du mir zustimmen, hat immer gemacht, wozu er sich in der Lage fühlte, egal welche Konsequenzen oder Spätfolgen dabei entstanden. Nun

stell dir vor, er wäre in der Lage, im Energiebereich der Dunklen Energie oder der Dunklen Materie herumzulaborieren. Könnte es da nicht sein, er löste dabei einen vielleicht kleineren, aber immer noch ausreichenden neuen Urknall aus, der nicht nur ihn, seinen geschundenen und doch einzigartigen Planeten, das Sonnensystem und wahrscheinlich mehr als die ganze Galaxis in vernichtender Strahlung auslöscht? Immerhin hast du die Gewissheit, das wird er niemals können. Gott sei Dank!“
Ich sage nichts, weiß aber, genau so ist es. Lange habe ich mir das auch schon überlegt. Damit die sich selbst entwickelnden Dinge im Universum nicht eines Tages das Ganze zunichtemachen können, egal ob zufällig, aus Neugier oder bewusst, müssen die entscheidenden Prozesse und Dinge in einem Bereich angesiedelt sein, der den handelnden Protagonisten absolut unzugänglich ist. Deshalb entwickelt sich das Sein und das Leben, was Erkenntnis sucht und dazu das Experiment braucht, im Energiebereich des Standardmodells der Teilchenphysik. Und von dort aus lässt sich der für das Universum entscheidende Energiebereich weder experimentell noch sonst wie erreichen, da eine Differenz von fast 20 Zehnerpotenzen hoffentlich unüberbrückbar ist.
Freilich, will man, wie ich, dort theoretisch zu Erkenntnissen kommen, bleiben nur Logik, Mathematik und physikalische Grundlagen als Mittel und aus der anerkannten Methodik der Theoretischen Physik wird eine nicht mehr experimentell überprüfbare spekulative Physik, vielleicht sollte man sie Philosophische Physik nennen. Und selbst wenn sie richtig ist, so bleibt sie unvermittelbar. Das genau ist unser menschliches Erkenntnisdilemma, wenn wir die letzten, entscheidenden Dinge verstehen wollen, müssen wir sie glauben und Glauben ist nicht Sache der Wissenschaften. Ich muss mich damit abfinden, der einsame Prophet in der Wüste zu sein, nur ein Trost bleibt mir, die Makroquantentheorie, lässt sich beweisen, es braucht nur Zeit, ganz sicher mehr als ich habe.
„Sei nicht betrübt, dass ich dir nicht viel Hoffnung machen kann. Du wolltest Erkenntnis, nun hast du sie. Wolltest du auch allgemeine Anerkennung? Das musst du dem Zufall überlassen, es ist von dir kaum beeinflussbar. Tröste dich. Kopernikus hat nie erfahren, ob jemand sein Weltbild anerkannte, das auch erst nach seinem Tode veröffentlicht wurde. Galilei musste abschwören. Bruno landete auf dem Scheiterhaufen. Auch Kepler fand für seine drei Regeln erst Anerkennung als sie Jahrzehnte später durch Newton physikalisch

begründet werden konnten. Warum also sollte es in der heutigen Zeit anders laufen?"
„Muss ich also auf posthumen Ruhm hoffen."
„Ist auch ungewiss, du entsinnst dich, das Universum ist kein Uhrwerk. Sei einfach damit zufrieden, dass dir tiefe Erkenntnisse widerfahren sind, so wie du es doch wolltest, als du dein Studium begonnen hast. Entsinnst du dich, wie sehr du enttäuscht warst, als dein Physikprofessor in der ersten Vorlesung zur Experimentalphysik verkündete, die Physik sei die Wissenschaft, die die Erscheinungen in der unbelebten Natur möglichst genau beschreiben will, aber sie nicht zu erklären versucht.
Du wolltest sie erklärt haben, sie verstehen. Hast du das denn nicht? Du kannst vieles erklären, bei weitem nicht alles, aber sei bescheiden, mehr steht einem einzelnen Menschen nun wirklich nicht zu."
Dazu muss ich schweigen, ich die unwesentliche Singularität im riesigen großen Ganzen.
„Genau", konstatiert das Nichts „und ich bin auch nicht zurückgekehrt, um mit dir darüber zu diskutieren, ob du nun Anerkennung findest oder nicht."
„Sondern?", entfährt es mir.
„Entsinnst du dich, ich hatte dir meine Vorstellungen zum Urknall und dem Ganzen erörtert?"
„Ja, ich entsinne mich. Und was ist daran der Grund?"

„Du hast die Idee, die uns in einem Gedankenexperiment zur Feinstrukturkonstanten geführt hat, weitergedacht und bist dabei auf das Teilchen gestoßen, das du G-Boson[16)] genannt hast."
„Ja, ist daran etwas falsch?"
„Nichts ist daran falsch, soweit ich das sehe, aber zu Anfang unserer Begegnung, richtiger ist meines Zugesellens, habe ich dir erklären wollen, was es mit mir, dem Nichts, auf sich hat. Bist du bei dem Erklären dieses G-Bosons, dem kleinstmöglichen Schwarzen Loch, dem kompaktesten aller Teilchen nicht auf die Idee gekommen, dass ich dieses Ding als mein wichtigstes Wesen sein könnte?"
Ich stutze, auf diese Idee bin ich bei dem, was ich da philosophiert und zu Papier gebracht habe, in der Tat nicht gekommen, „du bist also das G-Boson und ich hätte es demnach das ‚Nichts-Boson' nennen sollen?"
„Nein, nein, G-Boson ist besser, schließlich bin ich ja doch noch mehr, du entsinnst dich, als ich dir erklärte, ich sei eine Vielfalt, du

aber wohl eher eine Einfalt, womit ich dich nicht beleidigen wollte. Und wenn ich es dabei getan hätte, täte es mir sehr leid, wenn mir denn überhaupt etwas leid tun könnte, denn Reue ist eine mir fremde Fähigkeit. Aber das G-Boson ist meine liebste Daseinsform und vielleicht auch die wichtigste und weißt du auch warum?"
„???"
„Wundert mich nicht, ist aber ganz einfach", fährt es fort, „ihr lieben neugierigen und wissenshungrigen Wesen, laboriert doch an allem herum, was euch in den Weg kommt, versucht es auszumessen, zu bestimmen, daran herumzuexperimentieren oder nicht?"
„Da kann ich kaum widersprechen."
„Siehst du. An mir als G-Boson könnt ihr das nicht. Dazu fehlt euch, da bin ich ganz sicher, auch für alle Zukunft der Zugang, rein energetisch. Das ist etwas von mir, wo ich vor euch sicher bin, sozusagen unantastbar" und mir ist, als lachte das Nichts dabei.
„Und es gibt noch etwas Kleinstes von mir, wo ihr nur spekulieren könnt."
„Wenn ich dich danach frage, ist es bestimmt die verbotene Frage", will ich herausbekommen, worauf das Nichts anspielt.
„Nein, ist es nicht. Ich will sogar, dass du dich damit beschäftigst, nur direkt sagen will ich es dir nicht. Du sollst allein darauf kommen."
Typisch, denke ich, fange aber an zu überlegen, gehe alles Gedachte und Geschriebene noch einmal durch und finde keinen Anhaltspunkt.
„Kannst du mir nicht einen kleinen Tipp geben? Hast du doch schon des Öfteren getan?" versuche ich den Fuß in die Tür zu bekommen.
„Hättest du gern. Gäbe es noch das Orakel von Delphi, würde ich dich zur Pythia, auf ihrem Dreifuß sitzend, schicken und du bekämst dort wahrscheinlich zur Antwort ‚Wenn du suchst Fremder, so wirst du finden'."
„Na, danke auch!"
„Bitte, bitte. Mach dich also auf die Suche."
Also beginne ich, systematisch an die Sache heranzugehen. Es muss sich um ein weiteres Kleinstes handeln, es darf uns nur für alle Zeit spekulativ zugänglich und es muss mir bei allen Überlegungen bisher als unlösbar erschienen sein.
Ist also nicht so wie die Frage ‚was hängt an der Wand, tickt vor sich hin und wenn es herunterfällt, ist die Uhr kaputt'.

Ich greife auf meine alte und schon oft erfolgreiche Taktik zurück, immer wieder in durch Ablenkungen unterbrochenen Abständen darüber nachzudenken und auf Erleuchtung zu hoffen. Heimlich spekuliere ich, das Nichts wird gelangweilt irgendwann ein Schübschen geben, einen kleinen Gedankenstupser, denn es will ja, dass ich darauf komme. Also wird es verhindern, dass ich aufgebe und die Sache so lange es irgend geht hinauszögern, andererseits weiß es natürlich, ein einmal ins Gehirn gepflanzter Gedanke, ist nicht so leicht zu verdrängen.
Es muss etwas mit meinen jüngsten Überlegungen zu tun haben. Folglich nehme ich mir dieses letzte Schreiben[16)], es sind ja nur 14 Seiten, noch einmal vor. Lese Abschnitt für Abschnitt und prüfe, ob ein Anhaltspunkt zu finden ist.
Tatsächlich! Das muss es sein.
Dort habe ich an einer Stelle geschrieben und damit zum Ausdruck gebracht, dass ich diesen Punkt für nicht erklärbar halte,
„Zur Erklärung des Vakuumzustands sehe ich keine Möglichkeit, weil er durch den simplen Zusammenhang, dass gleichviel Energie beider Arten am gleichen Ort sich gegenseitig 'auslöschen', also von jeder der beiden Energiearten einzeln betrachtet, praktisch nicht mehr vorhanden ist, mathematisch geradezu trivial, aber physikalisch nicht erklärbar scheint."
Ist das Nichts der Meinung, dort ließe sich doch eine physikalische Erklärung finden oder zumindest konstruieren? Aber wie soll das gehen? Wenn ich eine Größe, also Energieform, und ihr komplettes Gegenteil an einem Ort zusammentue, dann löschen sie sich vollständig hinsichtlich aller Wirkungen nach außen hin aus, würden also durchaus genau die Eigenschaften besitzen, die man von einem ordentlichen Vakuum erwartet, aber wie soll man praktisch und damit physikalisch erklärbar Dinge zusammentun können, die sich gegenseitig abstoßen und das auch noch umso stärker, je näher sie einander kommen?
Das Nichts schweigt und überlässt mich der Grübelei.
Es vergeht viel Zeit und ich komme zur Überzeugung, das ist wohl tatsächlich nicht lösbar und beginne diese Gedanken zu verdrängen, was nicht so einfach ist, aber mir nach einiger Zeit gelingt.
„Du solltest dir noch einmal ansehen, wie du auf das G-Boson gekommen bist", meldet das Nichts sich wieder, es befürchtete wohl nicht ganz zu Unrecht, ich hätte aufgegeben.

Also doch ein Tipp, denke ich, und der ist, wie ich in der Vergangenheit schon oft erfahren habe, ernst zu nehmen.
Das G-Boson war zu beschreiben, indem ich der Idee nachging, unter welchen Bedingungen zwei gleichwertige Energiequanten, die ich als positive bezeichne, die unserer Welt entsprechen, sich gegenseitig aufgrund ihrer innewohnenden Trägheit und Anziehungskraft, also Gravitation, in einem stabilen Zustand halten können. Dabei wurden Aussagen zu vielen extremen Eigenschaften dieses kleinsten und energiereichsten Elementarteilchens möglich, die ich nicht für möglich gehalten hätte. Dieser Ansatz brachte sogar zutage, wenn ich das gleiche für zwei der anderen Art, wie ich sie bezeichne „negative“ Energiequanten, mache, kommt kein stabiler Zustand heraus, diese negative Energie bleibt stets diffus. Damit war ich sehr zufrieden, deckt sich das doch mit genau der Eigenschaft, die man der Dunklen Energie zuschreibt.
Sollte ich diesen Ansatz auch auf den Vakuumzustand anwenden, also einen negativen und einen positiven Energiequant einsetzen?
Für das negative Energiequant funktioniert es, wirkt doch die Trägheit eigenartigerweise in Richtung Zentrum, die Gravitation jedoch abstoßend nach außen, also sich gegenseitig kompensierend. Für das positive Quant klappt es aber nicht, denn nun wirken beide Einflüsse nach außen und das Ganze flöge auseinander, alles andere als ein stabiler Zustand!
Wie also sollen zwei gegensätzliche Quanten einen stabilen Vakuumzustand ergeben? Das scheint mir ein rechtes Dilemma, mathematisch trivial, physikalisch aber sinnlos. Und doch sollte so ein Vakuumzustand existieren, ohne ihn brechen alle Vorstellungen, die ich mir bisher zum Urknall gemacht habe, in sich zusammen. Hat das Nichts gewusst, dass ich zwangsläufig auf dieses Problem stoßen werde und angesichts der Tragweite gezwungen bin, ganz ernsthaft darüber nachzudenken? Löse ich es nicht, ist alles zu diesem Themenkreis gedachte Makulatur.
Man kann also auch Bauchschmerzen im Gehirn kriegen und das Nichts wird sicher denken ‚habe ich dich endlich an diesen Punkt gebracht, wo du nicht mehr ausweichen kannst.
„Nein, so heimtückisch bin ich gar nicht“, meldet es sich, „es ist ein neuralgischer Punkt, da hast du recht, aber heißt das denn automatisch ‚unlösbar’?“

Das hilft mir weiter, es muss also eine Lösung geben, entnehme ich diesem Orakel, soweit kenne ich mich mit den Eigenheiten des Nichts nun doch schon aus. Nur wie kann die Lösung aussehen?
Offensichtlich hat das menschliche Gehirn die Fähigkeit, wenn man ein Problem nur intensiv genug darin wälzt, dass es dann eigenständig an der Lösung weiterarbeitet, gewissermaßen im Unterbewussten.
Nach Tagen, ich bin gerade bei der Essenszubereitung und mit meinen Gedanken beim Gemüse und was ich daraus nun machen soll, präsentiert mir offensichtlich das Unterbewusstsein die Lösung, einfach so aus sich heraus. Sie ist ganz einfach. Es hat ja doch niemand verlangt, dass ich nur zwei Quanten zur Lösung heranziehen darf, denn damit geht es nicht. Negative Energiequanten können im stabilen Zustand im Feld positiver Energie sein, aber nicht umgekehrt. Also kann ein negatives Quant im Feld eines ruhenden oder scheinbar ruhender positiver Quanten stabil sein. Und wo nehme ich das ruhende, positive Quant her? Es ist da – das G-Boson, in sich stabil und keineswegs ruhend, aber nach außen hin scheinbar ruhend.
Damit daraus nun ein Vakuumzustand mit allen geforderten Eigenschaften entsteht, müssen nur zwei gleich energiereiche negative Quanten diametral um das G-Boson herumtanzen. Dann heben sich Energie, Masseneigenschaften wie Trägheit und Gravitation von außerhalb betrachtet vollständig auf. Es beschreibt ein Vakuum, und zwar seinen kleinstmöglichen Zustand, das Nichts wird mit mir zufrieden sein.
„Bin ich, du hast die zweite mir wichtigste Daseinsform, in der ich eine Rolle spiele, gefunden und auch dorthin habt ihr außer in einer spekulativen Theorie keinerlei Zugang und Einflussnahme“, mir scheint, es jubiliert.
„Ist doch ein schönes und sicheres Gefühl, ihr könnt in diesen Energiebereichen nichts, aber auch gar nichts machen, weder sinnvolles noch könnt ihr Unfug treiben.“
„Ich finde es dennoch irgendwie schade, dass wir da dann auch nichts verifizieren können, schließlich braucht Wissenschaft Verifizierung.“
„Einen kleinen Trost kann ich dir lassen.“
„Wie soll das gehen?“
„Gar nicht so unmöglich. Man kann mit Mathematik und Logik unter Beachtung physikalischer Bedingungen Gegentheorien ent-

wickeln, die sich von deinem Modell unterscheiden und dann vielleicht anhand von Forschungsergebnissen entscheiden, was richtig oder falsch ist."
„Das muss nicht klappen. Ist dir bekannt, dass nicht nur die Astrophysik schon länger mit Modellen arbeitet, die auf leistungsstarken Rechnern laufen und deren Ergebnisse dann überprüft werden können?"
„Na, siehst du."
„Nichts sehe ich. Da gibt es zum Beispiel ein Modell, das bringt Ergebnisse, die sich in ganz großen Dimensionen gut mit Beobachtungen decken, aber in kleineren Dimensionen versagen und ein anderes Modell, das in kleineren Dimensionen funktioniert, aber im Großen nicht. Da hast du zwei Modelle, die einander im Prinzip ausschließen und bei beiden stimmen Beobachtungen zum einen gut, zum anderen gar nicht überein. Dein Vorschlag ist mir nur geringer Trost."
„Ich habe ja auch nur von einem kleinen Trost gesprochen. Im Übrigen kannst du doch zufrieden sein. Du hast ein Modell, das logisch ist, mathematisch darstellbar und bekannte physikalische Prinzipien nicht verletzt und obendrein vieles erklärt, was man immer noch als Rätsel betrachtet. Außerdem hast du noch gar nicht bis zum Ende gedacht."
„Wieso? Ich bin beim kleinsten Teilchen der normalen Materie angelangt und nun auch noch beim Kleinsten im Vakuum, was willst du noch?"
„Erstens fehlt beim Vakuumkleinsten ein Name, ein Teilchen ist es ja wohl nicht."
Dem kann ich nicht viel entgegenhalten. Das Vakuumding braucht eine Bezeichnung, auch wenn es sich nicht um ein Elementarteilchen handelt, man muss schließlich wissen, wovon man redet. Und ich habe auch gleich eine Idee, „Was hältst du von ‚Vakuumzelle'?"
Das Nichts antwortet nicht, aber diesmal bin ich mir sicher, diese Bezeichnung gefällt ihm, kennzeichnet es doch etwas Kleinstes ohne damit ein Elementarteilchen zu meinen.
„Das ist gut", kommentiert es nach einer Weile, um fortzufahren, „und welche Eigenschaften kannst du dieser Zelle abgewinnen?"
Es lobt nicht gern, muss Lob würdiges in irgendetwas anderes verpacken, in eine Frage oder Anmerkung, am besten in eine Einschränkung.

Ich belasse es damit und frage, „dann sind wohl die Eigenschaften einer solchen Vakuumzelle das, was du als Zweites meintest, da du ja ‚erstens' gesagt hast?"
„Hmm."
Eigenschaften einer solchen Vakuumzelle! Beim G-Boson habe ich sie untersucht, also ist es hier ebenso notwendig. Vielleicht erklären sie ja auch einiges.
Welche Eigenschaften hat solch eine Zelle. Von außen besehen existiert sie praktisch nicht. Würde sich ihr positive Energie, zum Beispiel die unendlich energieärmeren Teilchen des Standardmodells, annähern, wird die Zelle ohne Trägheitswirkung verdrängt, weil ihre äußere Hülle im Nahbereich negativ wirkt und bleibt damit unbemerkt. Das ist ein ähnlicher Vorgang wie in unserer Welt neutrale Atom durch die Elektronenhüllen Abstand wahren. Negative Energie, die sich einer Vakuumzelle nähert, allerdings wird sie ohne weitere Wirkung festhalten, solange der Energiebetrag wesentlich kleiner als bei der Zelle ist. Kommt er aber in den Bereich der Energie innerhalb der Zelle, ohne selbst einer Zelle anzugehören und das in größerer Menge, dann wird er das Innenleben der Vakuumzelle empfindlich stören und bestimmt das zentrale G-Boson verdrängen oder sogar sprengen und dabei dessen Energiequanten einzeln freisetzen. Daraus schlussfolgere ich, eine größere Menge hoch verdichteter negativer Energie kann das Vakuum aufbrechen, Vakuumzellen untereinander aber werden sich quasi zum allgemeinen Vakuum verdichten ohne weitere Wirkung.
Sind diese Überlegungen richtig, lässt sich gut verstehen, wie es zum Urknall kommen kann, wenn sich negative Energie in genügendem Maße verdichtet und das Vakuum aufbricht und dann die riesigen Abstoßungskräfte alles auseinander treiben.

Ist nun aber das aus Vakuumzellen verklumpte Vakuum überall oder nur an bestimmten Orten? Wenn es örtlich begrenzt auftritt, kann ein Urknall nur stattfinden, wenn sich genau an diesem Ort die Verdichtung negativer Energie vollzieht, was einerseits erklärte, dass der Urknall nicht unendlich groß werden kann, sondern, selbst wenn er auch aus unserer Perspektive ungeheuer groß erscheint, begrenzt ist. Andererseits müssten dann viele solcher Vakuuminseln existieren, damit ein Zusammenfinden wahrscheinlich wird.
Entsteht eigentlich, hat man eine Frage scheinbar beantwortet, sofort stets ein neuer Fragenkomplex, kommt mir in den Sinn, wie bei

einem Kind, das nach jedem ‚warum' sogleich ein weiteres ‚warum' parat hat?
„Davon kannst du ausgehen", fällt mir das Nichts in den Gedanken.
„Wieso kannst du mir das nicht einfach alles erklären, wo doch auch die Vakuumzelle ein Teil von dir sein soll? Hast du nicht mal gesagt, du gehörtest zur Welt meiner Energieform und müsstest darüber hinaus auch nur Annahmen treffen? Wieso ist dann die Vakuumzelle mit ihrem negativen Anteil Teil von dir?"
„Ein bisschen viel Fragen auf einmal. Erstens, die Vakuumzelle gehört zu mir wegen des zentralen und somit ganz entscheidenden G-Bosons. Ich kann dir ihre Verklumpung zu größeren Komplexen bestätigen, aber nicht beantworten, ob es viele solcher Komplexe oder einen einzigen, der gewissermaßen überall ist, gibt, denn ich bin eben auf das Kleinste beschränkt. Im Falle meiner Eigenschaft als kleinster Drehimpulswert, weiß ich auch nicht, in wie vielen Quanten ich im Einsatz bin. Und über weitere Eigenschaften der negativen Energie kann ich dir auch nichts erzählen, obwohl sie in der Vakuumzelle eine wesentliche Rolle spielt. Ich bin überall auf das Kleinste beschränkt, du aber willst die großen Dinge verstehen."
„Und zweitens?", lasse ich nicht locker.
„Ja, zweitens und drittens. Zweitens sollte dir aufgefallen sein, dass eine Vakuumzelle eindeutig unterscheidbare Zustände haben kann. Und drittens, was bedeutet das für den allgemeinen Vakuumzustand? Viertens könntest du dir mal überlegen, wie groß, wenn man es hypothetisch betrachtet, das Volumen eigentlich gewesen sein muss, aus dem deine Welt nach dem Urknall entstanden ist."
„Jetzt hast du aber gleich ein bisschen viel auf einmal angesprochen."

Also der Reihe nach. Eindeutig unterscheidbare Zustände soll nach Ansicht des Nichts die Vakuumzelle haben, wo sie doch als Vakuum gar keine Eigenschaft besitzen sollte, von außen besehen. Ich gehe ihren Aufbau noch einmal durch. Masse und damit Energie hat sie insgesamt nicht, damit auch keine Gravitationswirkung und keine Trägheit, weil es keine Raum-Zeit-Krümmung nach außen hin gibt. Ihr Durchmesser ist größer als der eines G-Bosons. Der Schwarzschildradius des G-Bosons ist aufgehoben, damit ist sie kein Schwarzes Loch und sie ist, weil innen ja ein G-Boson sitzt, auch keine Singularität. Ihr Spin? Der kann verschwinden, aber auch

nicht. Die Rotation der negativen Quanten kann derjenigen des G-Bosons im Inneren gleichgerichtet oder entgegengesetzt, eigentlich sogar beliebig sein. Tatsächlich, das sind eindeutig unterscheidbare Dinge, die von außen betrachtet irrelevant sind. Sind Zellen dicht aneinander gelagert, dann ist das daraus gebildete Vakuum wie ein Kristall, ein Vakuumkristall gewissermaßen und darüber muss ich selber lachen, dessen Zellen alle gleich, aber in verschiedenen Zuständen existieren. Unterschied zu einem Kristall ist nur, Vakuum ist nicht wahrnehmbar. Ich stelle mir vor, bei eindeutig unterscheidbaren Zuständen und der Kleinheit solcher Zellen, die nur einige Planck-Längen Durchmesser haben, wäre das ein unschlagbares Speichermedium, so man es nutzen könnte, aber niemals wird nutzen können.
„Hör auf, drauflos zu spekulieren, diese Frage ist völlig irrelevant", das Nichts ist mit mir unzufrieden.
Also betrachte ich, was es unter ‚Viertens' gesagt hat.
Wie groß muss in unserer Betrachtungsweise das Vakuumvolumen gewesen sein, aus dem unsere Welt hervorgegangen ist?
Für die Masse unseres sichtbaren Universums wird ein Kilogrammwert in der Größenordnung von 53 bis 54 Zehnerpotenzen genannt.
Die Masse eines G-Bosons, aus der ja unser Universum hervorgegangen ist, konnte ich ziemlich genau angeben, also lässt sich daraus ihre Anzahl bestimmen, um auf ca. 53 Zehnerpotenzen zu kommen. Da die Größe der Vakuumzelle ebenfalls ziemlich genau anzugeben ist, also der Abstand der G-Bosonen im Vakuum auch zu ermitteln ist, kann man errechnen, wie groß eine Kugel sein sollte, aus der unsere Welt im Urknall hervorgegangen ist. Eines zeigt sich sofort, aus einer Singularität ist unsere Welt nicht entstanden, denn weder im Vakuum noch bei den G-Bosonen, tauchen Singularitäten auf. Ich rechne. Und komme bei grober Schätzung zu dem Ergebnis, das Vakuumvolumen, woraus unser Universum beim Urknall entstanden ist, kann nicht viel größer gewesen sein als etwa ein Elektron, wenn man den klassischen Elektronenradius annimmt. Das ist schon verblüffend und kaum vorstellbar.
Das Nichts scheint zu grinsen, „sag mal ehrlich, du kommst dir jetzt doch mehr als Metaphysiker denn als ordentlicher Physiker vor?"
„Du hast recht, schon seit ich angefangen habe, über kleinste Schwarze Löcher nachzudenken, bin ich das Gefühl nicht mehr losgeworden, mit ordentlicher Physik hat das nicht mehr viel zu tun. Bei der Makroquantentheorie war das ganz anders. Da konnte ich

ihre Aussagen anhand astronomischer Daten prüfen und jeder Widerspruch war mehr wert als alle Aussagen in den Bereichen, in denen ich mich hier bewege, wo ich sicher sein kann, nichts überprüfen zu können."

„Aber du kannst auch sicher sein, jemand anders wird auch niemals etwas auf diesen Skalen überprüfen können."

„Ist es dann überhaupt sinnvoll, darüber nachzudenken?"

„Ihr Menschlein könnt gar nicht anders als über alles Mögliche nachzudenken. Kann die Philosophie auch nur eine einzige mathematische Formulierung treffen? Auch die Medizin probiert mehr, anstelle theoretisch abgeleiteter Aussagen. Musik, Literatur, Bildende Kunst, Religion bestimmen euer Leben, ohne auch nur im Entferntesten wissenschaftlich zu sein."

„Du vergisst den wissenschaftlichen Sozialismus", werfe ich sarkastisch ein.

„Der dich ja auch tiefgreifend überzeugt hat", lacht das Nichts, „aber im Ernst, Newton, einer der gewiss ganz bedeutenden Physiker, hat viel Zeit für Alchimie aufgebracht. War er deswegen kein Wissenschaftler? Ich sage dir, auch du hast ein Recht darauf, über Dinge nachzudenken, die man nicht beweisen kann. Und wenn du über Schwarze Löcher, Dunkle Materie, Dunkle Energie, das Vakuum und den Urknall nachdenkst, hast du eben keine direkte Überprüfungsmöglichkeit. Niemand hat sie. Es bleibt lediglich zu untersuchen, welche Auswirkungen diese Dinge verursachen und dann denk an deine erste Physikvorlesung ‚*Physik hat die Aufgabe, die Gegebenheiten der unbelebten Natur möglichst genau zu beschreiben, nicht aber sie zu erklären*'. Und? Hast du nicht sogar mathematisch, physikalisch und logisch untermauert genau das getan? Außerdem, was schadet es, wenn man dich als Metaphysiker ansieht, du hast mit der Makroquantentheorie bewiesen, dass du auch anders kannst? Schau die Theoretische Physik heutzutage an. Auch sie entwickelt Theorien und Modelle, die von vornherein nicht mehr nachprüfbar sind, wie die Theorie der eingerollten Dimensionen, oder die über Multiversen. Unterschied ist zu dir allerdings, sie entwickeln es aus den Vorstellungen heraus, die von der allgemeinen Meinung getragen werden, du bist allein auf dem Weg. Sind sie deshalb automatisch im Recht? Schließlich vertreten namhafte Vertreter doch auch die These, die Anordnung der Planetenbahnen wäre lediglich historischer Zufall und auf diesem Gebiet solltest du es besser wissen. Bei Theorien, die nicht zu

beweisen sind, zählt nur, ob sie logisch, mathematisch sauber und physikalisch vertretbar daherkommen und auf wie viele unbeantwortete Fragen sie Antworten haben. Und da finde ich, siehst du gar nicht so schlecht aus."
Das Nichts hat recht, warum hadere ich überhaupt damit, dass ich eben auch über nicht beweisbare Dinge nachdenke. Wenn man ein Rätsel gelöst hat, ist sein Reiz dahin, bei Dingen, die man letztendlich nicht beweisen kann, bleibt er erhalten.
„Noch einen Trost will ich dir geben, weil du nicht Teil des Mainstreams bist", fährt das Nichts fort, „Denk einfach daran, was der Mainstream, auch wenn das damals nicht so genannt wurde, war, als Kopernikus, Galilei, Kepler und andere mit ihrem Weltbild auf die Bühne traten. Wenn noch so viele das Gleiche denken, muss es deswegen noch lange nicht richtig sein. Tröstet dich das?"
„Ja", sage ich, denke aber, ist Trost das richtige Wort? Der Mensch braucht Erkenntnis und um Erkenntnis muss gerungen werden, das aber kostet in jedem Falle Kraft und wer sie nicht aufbringen will, soll nicht klagen. Und außerdem, wer um Erkenntnis ringen will, braucht jemanden, mit dem er ringen kann und genau darin liegt mein Problem, ich finde niemanden.
„Und du, mein liebes Nichts, bist eben ein Nichts und zählst deshalb leider nicht und kannst auch nicht den simpelsten menschlichen Gesprächspartner ersetzen!"
Mir bleibt die offene Frage, werde ich jemanden finden? Nur unbeirrt suchen kann ich und hoffen, dass Lukas, der Evangelist, recht hat mit seiner Aussage vom ‚Suchet, so werdet ihr finden', zumindest bei der Makroquantentheorie traf es zu und dort hat es sich für mich bestätigt, aber es hat gedauert! Fast fünfzig Jahre habe ich gebraucht vom Ideenanstoß in der Vorlesung für Astronomie bis zur Lösung dieses eigentlich ursprünglich als machbares und nicht zu umfangreich angesehenes Vorhaben. Dann aber wurde daraus viel, viel mehr.
Nun werde ich diese Geschichte meiner Wege, Irrwege, Zweifel und Erkenntnisse veröffentlichen und gehe davon aus, einen redlichen Verlag, der sich nicht nur bezahlen lässt, werde ich vielleicht nicht finden und eben dann zur Not wieder ein paar Groschen selbst locker machen und wenn das daraus entstandene Büchlein (ich habe während meiner Untersuchungen in den letzten sieben Jahren stets in Etappen fleißig daran geschrieben) auch nur einen interessierten Leser findet, bin ich schon zufrieden und denke, es hat sich gelohnt.

Vielleicht findet ja auch jemand, der fachkundig und interessiert ist, meine Website [17)] und ich vielleicht doch noch interessante Gesprächs- und Diskussionspartner, hoffe ich weiter, denn man sagt ja, die Hoffnung stirbt als Letztes.

Literatur

1) https://www.weltderphysik.de/gebiet/universum/wir-brauchen-eine-neue-theorieHossenfelder

2) S. Hossenfelder, Das hässliche Universum, S. Fischer Verlag GmbH, S. 147, ISBN978-3-10-397246-7

3) W. Macke, Mechanik der Teilchen Systeme und Kontinua, Leipzig 1962 Akademische Verlagsgesellschaft, Geest & Portig K.-G.; Kapitel 4 ff.

4) W. Macke, Mechanik der Teilchen Systeme und Kontinua, Leipzig 1962 Akademische Verlagsgesellschaft, Geest & Portig K.-G.; Kapitel 434 Übergang zur Wellenmechanik

5) Wikipedia /Asteroiden Abfrage vom 29.06.17

6) Wikipedia Abfrage der Planeten, 29.06.17

7) Dresdner Neueste Nachrichten vom 24. 02.2017 S.3

8) Wikipedia/Jupiterringe (Saturnringe, etc.), Stand 01.08.2017

9) W. Macke, Quanten, Leipzig 1962 Akademische Verlags-Gesellschaft, Geest & Portig K.-G.;
Kapitel 431 Separation des Drehimpulses .. K. 441 Radialteil

10) Wikipedia/Erweitertes Periodensystem, Abfrage 22.03.18

11) Arnold Sommerfeld, Atombau und Spektrallinien, Band I, Friedr.Vieweg&Sohn, Braunschweig 1960, S.94

12) Wikipedia/Dunkle Energie, Abfrage vom 10.05.18

13) Skript zur Vorlesung ART von Apl. Prof. Dr. rer. Nat. Jörg Script von Michael Klas, docplayer.org/40135170
zur Allgemeinen Relativitätstheorie

14) wie 13) speziell Kap. 6.1

15) https://nssdc.gsfc.nasa.gov/planetary/planets/neptunepage.html
(Werte vom 27.06.2021)

16) Reichelt, Zur Anatomie Schwarzer Löcher, das G-Boson …
https://slub.qucosa.de/landing-page/https%3A%2F
%2Fslub.qucosa.de%2Fapi%2Fqucosa%253A78058%2Fmets
%2F/

17) www.uwejmreichelt.de

ISBN 978-3-7575-1743-4
www.epubli.de